上海市老年教育推荐用书
上海市老年教育教材研发中心

老年心理保健自助手册

（上）

图书在版编目（CIP）数据

老年心理保健自助手册.上/上海市老年教育教材研发中心编.
— 上海：上海教育出版社，2020.11
ISBN 978-7-5720-0468-1

Ⅰ.①老… Ⅱ.①上… Ⅲ.①老年人–心理保健–手册
Ⅳ.①B844.4-62②R161.7-62

中国版本图书馆CIP数据核字(2020)第244495号

责任编辑　袁　玲　汪海清
封面设计　王　捷

老年心理保健自助手册（上）
上海市老年教育教材研发中心　编

出版发行　上海教育出版社有限公司
官　　网　www.seph.com.cn
地　　址　上海市闵行区号景路159弄C座
邮　　编　201101
印　　刷　上海展强印刷有限公司
开　　本　700×1000　1/16　印张 7
字　　数　82千字
版　　次　2020年11月第1版
印　　次　2024年10月第4次印刷
书　　号　ISBN 978-7-5720-0468-1/B·0016
定　　价　42.00元

如发现质量问题，读者可向本社调换　电话：021-64373213

上海市老年教育推荐用书编委会

主　　　任：李骏修

常务副主任：毕　虎

编　　　委：陈跃斌　殷　瑛　李学红

　　　　　　赵莉娟　史济峰　郁增荣

　　　　　　蔡　瑾　吴　松　崔晓光

本书编委会

顾问：胡耿丹

主编：王　妍

编委：（以姓氏笔画为序）

邓丽昕　任丽杰　肖君政

宋成锐　张小妍　赵　玲

唐筱蓉　梁祎婷

前 言

上海市老年教育推荐用书是在上海市学习型社会建设与终身教育促进委员会办公室、上海市老年教育工作小组办公室和上海市教委终身教育处的指导下，由上海市老年教育教材研发中心牵头，联合有关单位和专家共同研发的系列推荐用书。该系列用书秉承传承、规范、创新的原则，以国家意志为引领、以地域特色为抓手、以市民需求为出发点，研发具有新时代中国特色、上海特点的老年教育推荐用书，丰富老年人的教育学习资源，满足老年人的精神文化需求。

本次出版的推荐用书既包含"上海时刻"中华人民共和国成立70周年献礼、生活垃圾分类、鹤发童言、美术鉴赏等时代热点和社会关注的内容，也包含老年人权益保障、老年人心理保健、四季养生、家居艺术插花、合理用药等围绕老年人生活需求的内容。在教材内容和体例上尽量根据老年人学习的特点进行编排，在知识内容凝练的前提下，强调基础、实用、前沿；语言简明扼要、通俗易懂，让老年学员看得懂、学得会、用得上。在教材表现形式上，充分利用现代信息技术和多媒体手段，以纸质书为主，配套建设电子书、有声读物、学习课件、微课等多种学习资源。完善"指尖上的老年教育"微信公众号的教育服务功能，打造线上线下灵活多样的学习方式，积极构建泛在可选的老年学习环境。

"十三五"期间，上海市老年教育教材研发中心共计策划出版上海市老年教育推荐用书 50 本。这是一批可供老年教育机构选用的教学资源，能改善当前老年教育机构缺少适宜教学资源的实际状况，也能为老年教育教学者提供教学材料、为老年学习者提供学习读本。系列推荐用书的出版是推进老年教育内涵发展，提升老年教育服务能力的重要举措；积极践行"在学习中养老"的教育理念，为老年人提供高质量的学习资源服务，进一步提高老年人的生命质量与幸福指数，促进社会和谐与文明进步。

本套上海市老年教育推荐用书凝聚了无数人的心血，感谢各级领导和专家的悉心指导，感谢各位老年教育同行的出谋划策，还有所有为本次推荐用书的出版工作作出努力和贡献的老师，一并感谢。

上海市老年教育教材研发中心

2020 年 2 月

序 一

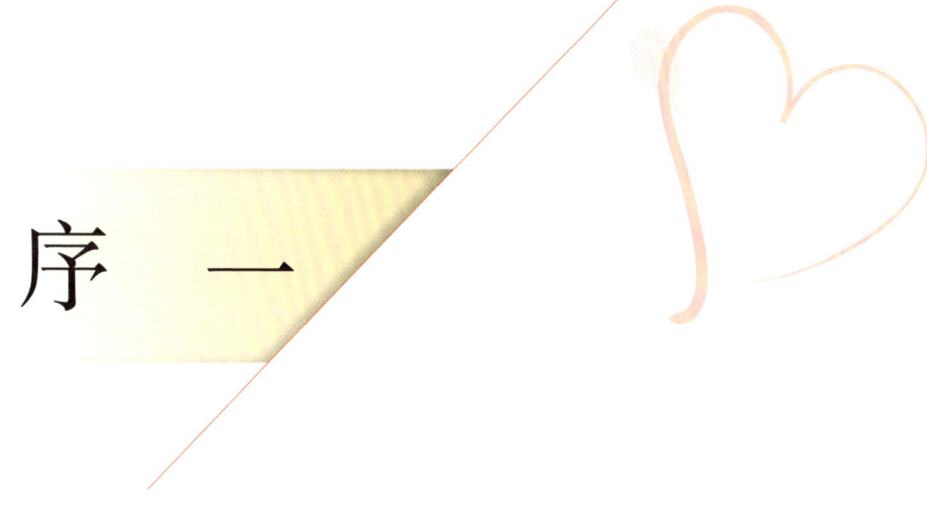

随着我国人口老龄化进程的加快，如何提高广大老年人的生命质量，已经引起全社会的重视。尤其是随着我国经济社会的发展，人民生活水平的提高，人均预期寿命的延长，如何提高老年人的心理健康水平，使亿万老年人身心愉悦、安度晚年，已成为老年关爱项目研究的重要课题。

2018年，中国老龄事业发展基金会老年痴呆预防及陪伴项目的执行团队发布《中国老年人心理健康白皮书》。该团队对全国 7000 余名老年人进行心理健康调查，发现仅有 12% 的老年人心理健康状况为优，其余老年人存在不同程度的心理健康问题，焦虑、抑郁、孤独等是目前老年人面临的较为突出的问题。然而时至今日，大多数人对于老年人心理健康问题仍然缺乏了解，导致大部分存在心理疾病的老年人没有得到应有的关注，也没有得到适合的治疗，更没有得到足够的关爱。

该团队根据自身在心理科学等方面的研究和实践经验，在做老年认知症公益的同时，积极关注老年人的心理保健，通过老年人心理问题的预防，减少老年人因心理因素产生的健康问题，提高老年人的生活质量。本书内容包含什么是老年心理保健、老年认知、老年情绪、老年意志力、老年人格、老年人际关系、老年婚恋问题、老年心理异常问题八大方面，旨在帮助老年人学习心理保健知识，守护老年人的心理健康。本书具有以下三个特征：

一是通俗可读性。本书内容生动有趣，以案例故事为导引，从老年人视角阐释心理保健知识，深入浅出，图文并茂，为老年人提供常见问题的保健方法。

二是专业科学性。本书从老年心理学的角度出发，介绍了老年人常见的心理问题，通过对案例分析和解读引出相应的理论知识，具有一定的理论价值。

三是实践应用性。本书从案例故事、知识导航、保健指南、相关链接四部分，阐述了老年心理保健的相关知识，内容贴近老年人的实际生活，涵盖了老年人认知、情绪、意志力、人格、人际关系、婚恋、心理异常等方面，有效普及了老年心理保健知识，具有较强的针对性和实用性。

希望老年痴呆预防及陪伴项目执行团队再接再厉，开拓进取，在老年心理保健领域继续研究、探索，不断取得新成果，创造新业绩。愿每一位阅读《老年心理保健自助手册》的老年朋友和其他人士，能够从中获得新知识和新启示，保持身心健康，享受幸福人生！

中国老龄事业发展基金会理事长　于建伟
2020 年 9 月

序 二

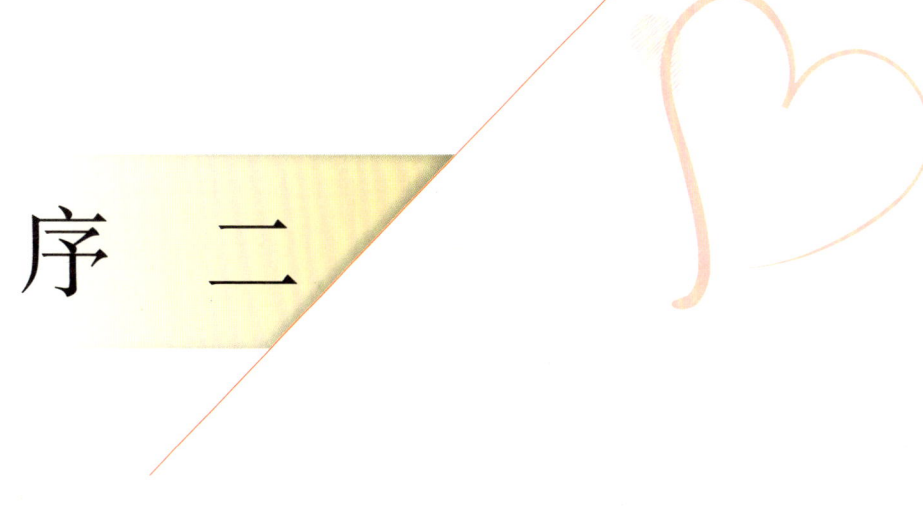

21世纪以来，老年人越来越关注自己的健康问题。全面健康包含身体健康和心理健康，身体健康是心理健康的基础和载体，心理健康又是身体健康的条件和保证。因此，《老年心理保健自助手册》出版的意义在于帮助老年人提高心理健康水平，为老年人的身体健康提供有力的条件和保证。

我受作者方委托，为《老年心理保健自助手册》提供老年人心理健康方面的案例，内心非常激动，也深感责任重大。在为本书提供案例之前，我与书稿的主编及撰写人员进行多次沟通，交流当下老年人面临的身心困惑、痛苦甚至是疾病。彼此都对出版一本能真正切合老年人心理需求，能较全面地解决问题，有时代背景的自助手册充满期待，并希望本书能够帮助老年人解决心理健康方面的问题。

我在上海市静安区彭浦镇社区卫生服务中心工作了24年，和老年病人也交往了23年。上海作为国内老龄化程度最高的城市，有很多老龄化的问题亟待解决。大量老年人因为缺少家庭和社会支持系统，感到失落、孤独和难以为继的无力感。这是由个人心理状态、社会环境、经济发展阶段等综合因素决定的。我们的国家和城市还缺少应对如此巨大数量的老年人,以及化解如此繁多老年心理问题的经验,因此任何探索都显得弥足珍贵。

但在从事全科医生的工作经历中,我遇到过深受各种心理问题折磨的老年人。其实,老年人的疾病多半与心理问题密切相关,并与疾病之间形成了一种恶性循环的关系。因此,接触的老年患者越多,我越期望有一本针对老年心理健康的自助手册,让老年人看了就能明白自己遇到了什么心理问题、基本原理是什么以及解决问题的方法。

老年人的期待终于有了结果。这本手册根据老年人生活中实际存在的真实案例,将案例分析、理论知识点、相关链接等串联在一起,内容丰富,结构合理。相信这本手册一定可以助益于广大的老年朋友们获得健康快乐的晚年。

上海市静安区彭浦镇社区卫生服务中心全科团队长 严 正
2020年9月

序 三

早在 2000 年我国就已迈入"老龄化社会",目前我国虽然尚未完全进入"老龄社会",但老龄化速度非常快。根据国家统计局发布的数据,2019 年底,我国 65 岁及以上人口达到 1.76 亿人,占总人口比例为 12.6%。以 14% 的联合国标准为分界线,2019 年底距离"老龄社会"仅差 1.4%,正式进入"老龄社会"已开始倒计时。人口老龄化已成为我国当今社会发展的重要趋势和基本特征。

社会老龄化问题归根到底是老年人问题。赡养老人、尊重老人、关爱老人是中华民族的传统美德,也是社会文明进步的体现,更是政府和社会的责任,是社会治理和社会心理服务的重要内容。从政策导向来看,社会养老服务是我国养老事业发展的方向。应指出的是,在社会养老服务中,仅仅有爱心是远远不够的,还需要有责任感和爱的方法,而后者需要了解和懂得老年人的生理特征和心理需求。

老年人除了生理机能开始衰退,体力和智力都明显不及过去之外,在心理、社会适应上也会发生一系列变化。退休、空巢、伴侣离世、再婚、罹患慢性病、失能、失智、失聪、失明等各种社会生活事件，都不可避免地会加重老年人的精神负担，诱发其产生焦虑、抑郁、悲哀、忧伤、恐惧、孤独、无助、绝望、愤怒等各种消极的心理和行为问题，体现为退休综合征、老年孤独症、信息化时代下的适应不良综合征、自杀等。

从社会层面来看，政府职能部门、社会机构的相关人员都应了解和掌握如何对老年人进行心理援助和社会支持的基本知识、方法和技能，以调适老年人的消极情绪，帮助其拨开眼前的迷雾，打开沉闭的心扉，摆脱心灵的愁苦，消减郁闷的心境，缓解生活的压力，提升心理弹性和自我效能感，使老年人能够正确认识自我、接纳自我，积极地应对人生旅途的曲折和磨难，快乐地度过每一寸光阴，拥有幸福充实、无悔无憾的高品质晚年生活。

从个体层面来看，生老病死，概莫能外，每个个体都无法摆脱衰老、死亡的宿命。老年期是个体需要积极乐观、勇敢顽强、理性智慧地面对的特殊生命时期。了解这一时期自身躯体、心理、社会适应的变化，对于老年人适应新角色和新环境、重新审视生命意义、理性应对变故和哀伤、克服死亡恐惧显得尤为重要，而这需要老年人拥有较好的心理保健知识储备和素养。遗憾的是，目前有关老年心理保健的教材、著作甚少，老年心理保健的科普读物更是鲜见，无法满足老年人以及相关社会服务机构、养老从业人员的热切需求。令人兴奋的是，《老年心理保健自助手册》一书恰好能够满足这一需求，这是我欣然应邀为此书作序的主要原因。

《老年心理保健自助手册》编委会围绕"呵护老年心理健

康""老有所养、老有所依、老有所乐、老有所安"的理念撰写此书，在内容设计、逻辑结构、呈现方式等方面做了精心遴选和优化，从心理保健学视角结合人生经验对老年人常见的各种心理现象、心理问题进行系统剖析和探讨。全书分为上、下两册，主要涉及什么是老年心理保健、老年认知、老年情绪、老年意志力、老年人格、老年人际关系、老年婚恋问题、老年心理异常问题等内容。本书采用案例呈现的方式，通过案例开启问题并提供相关的知识导航和保健指南，以叙事拉近与读者之间的距离，唤起读者的好奇心和阅读兴趣，从而完成对读者进行心理保健专业知识的传授和赋能。

本书在撰写思路上，充分借鉴孔子"智者乐，仁者寿"的思想，汲取中华传统文化的智慧和营养，坚持以通俗易懂、图文并茂、科学简明、聚焦收敛的原则呈现文本，旨在帮助读者自主学习、自我解惑、自我指导、自我帮助、自我升华，及时阻断心理障碍的发生发展，降低心理问题和应激事件对身体健康的危害程度。

对老年人来说，掌握老年心理保健知识，懂得老年心理特征和发展趋势，不仅有助于提升自信自尊和健康素养水平，积极应对困难，正确调整心态，坦然面对人生，更有助于增进生活情趣，防治心身疾病，延缓衰老进程，提高生命质量。一旦出现心理失调、认知偏差和应激障碍时，老年人可运用所学知识及时通过自我调节得以纠正，指导自己过好晚年生活。

简言之，本书是一部集科学性、创新性、应用性、可读性于一体的心理保健科普读物，是老年人和社会工作者期盼已久的如何实施自我心理保健的指南，是维护和增进老年人身心健康、幸福感、归属感的方法宝典。我坚信,《老年心理保健自助手册》定能指导、引领各位老年朋友开启幸福晚年之门,让夕阳更加持久生辉、绚丽多彩!

同济大学教授　胡耿丹

2020年10月12日于同济大学四平路校区云通楼

目 录

第一章　老年心理保健概述　1

第一节　养生重在养心　2

第二节　老年心理保健的基本理论　9

第三节　老年心理健康的影响因素　17

第二章　老年认知　24

第一节　老年认知的基本特征　25

第二节　老年认知和健康的关系　33

第三节　预防老年认知症的方法　39

第三章　老年情绪　　47

第一节　老年情绪的特点及类型　　48

第二节　情绪与身心健康的关系　　55

第三节　老年情绪的调适方法　　66

第四章　老年意志力　　74

第一节　老年意志力的基本内涵　　75

第二节　老年意志力与幸福感的关系　　83

第三节　社会支持对老年意志力的影响　　89

后记　　95

老年心理保健概述

第一章

健康的人，需要有健康的心。心理健康是健康的重要组成部分。学习老年心理保健知识，可以帮助老年人了解自己、认识自己、接纳自己。本章主要介绍了老年心理保健的概念、理论基础及影响因素。从心理学的视角，更新老年人心理保健的观念，通过心理保健助力身体健康，让老年人不吃药、少吃药，学会自我调节，享受快乐的老年生活。

第一节

养生重在养心

案例故事

退休后,非常注意保健养生的老李看到一项针对修女做的研究,受到了极大的启发,并了解了长寿的秘密。

心理学家对部分修女进行了研究,发现这些修女吃住等生活习惯都是一样的,唯一的差异是对生活的态度,有的人积极,有的人消极。结果显示:对生活持乐观态度的修女中,90%都能活到85岁以上;而对生活持消极态度的修女中,只有25%能活到85岁以上。

这让老李明白了一个道理:养心和养生一样重要,心理保健和身体保健一样关键。

心理健康已经不是装饰品,更不是奢侈品,它已经成为全民的必需品。实现心理健康,需要实施全民健心工程,培养全民自尊自信、理性平和、积极向上的心态。这不仅有利于社会和谐稳定，对老年人延年益寿也非常关键。学习心理保健的过程就是逐步走进内心、与自己对话的过程。心安，则身健。

知识导航

随着生活水平和医疗水平的提高，2019年中国居民人均预期寿命达到77.3岁。如何让老年人健康、快乐地享受晚年生活是整个社会都在考虑的问题。老年人对此也非常关注，采取了各种方法和行动对衰老和疾病进行预防，也就是平常说的保健。那么心理保健是什么，与普通保健有什么区别呢？

一、什么是老年人

由于生命的周期是一个渐变的过程，壮年到老年的分界线往往是很模糊的。有些人认为做了祖父祖母就是进入了老年期，有些人认为退休是进入老年期的一个标志。

联合国世界卫生组织曾对全球人体素质和平均寿命进行了测定，并对老年人的年龄划分标准作出规定。这次规定将老年人分为3个阶段，即60岁至74岁为年轻的老年人，75岁至89岁为老年人，90岁及以上为长寿老年人。我国《老年人权益保障法》第2条规定老年人的年龄起点标准是60周岁，即凡年满60周岁的中华人民共和国公民都属于老年人。

二、什么是心理保健

心理保健就是预防心理问题，维护心理健康。生活中，我们经常会感受到工作、生活、环境等引发的各种压力，这些压力会导致负面的情绪，甚至会引发各种心身疾病。心理保健则能够帮助人们增强对自己情绪状况的觉察意识，提高心理健康水平，预防不健康的心理和行为问题的发生。

平日里感觉孤单、寂寞，经常郁郁寡欢，或由于耳聋眼花、记忆力衰退、失眠，而产生人际关系不良、亲子关系不好、空巢失独等情况的老年人，很容易产生情绪困扰，这类老年人特别需要心理上的保健。普通老年人延年益寿的一个重要因素就是培养乐观的心态，这点更离不开心理保健。

三、心理保健与普通保健不一样

我们在生活中经常听到的普通保健与心理保健是有区别的。生活中谈的普通保健，它是通过饮食、运动、医疗、作息等方式保护身体健康，并预防疾病的理念与行为。心理保健的重点则是利用心理学的理论和技术，让人们保持自尊自信、理性平和、积极向上的心态。普通保健的重点是预防身体疾病的发生，心理保健侧重于保持良好的心理状态。它们之间又是相互影响的，心理健康有助于提升身体健康，同时身体健康也有助于良好心态的保持。

可以看出，心理健康直接影响了身体健康。老年人要注意调整自己的心态，做好心理保健，保持理性平和的心态，胜过一切保健品。

保健指南

心理健康会影响身体健康吗?

心理健康影响着身体健康,中医谈及的"怒伤肝,喜伤心,思伤脾,忧伤肺,恐伤肾"就是心理健康影响身体健康的一种表征。越来越多的证据表明,哮喘、湿疹、糖尿病、高血压、癌症等身体疾病都与人的性格和心理状态有密切联系。

负面情绪积压会诱发癌症吗?

在研究癌症的病因中,我们发现那些经常产生比较强烈的负面情绪,如焦虑、愤怒、忧愁、悲伤等,并且个体过度地压抑这些负面情绪,使其不能得到合理宣泄的人,更容易患癌症。

乐观对癌症治疗有效果吗?

第一章 老年心理保健概述

在某些情况下，癌症可以自愈。通常情况下，自愈者都是积极乐观、勇敢面对疾病的人，这种情绪状态有利于生成免疫细胞，杀死癌细胞。所以，保持平和的心态对老年人的身体健康尤为重要。

有的人性格很急躁，有的人性格很温和，性格是否也会影响身体健康？

20世纪70年代以来，心理学家开展了大量的有关性格或行为特征与疾病关系的研究。目前，对易患冠心病和癌症的性格特征研究得比较多，学术界把这种性格定名为"A型性格"，与"A型性格"相异的性格被称为"B型性格"和"C型性格"。这就是健康心理学ABC性格学说，认为不同类型的性格会对健康状况产生不同的影响。

什么是ABC性格学说？

A型性格的人性子比较急，具有进取心、侵略性、自信心、成就感，容易激动，整天忙忙

碌碌，感到时间不够用。有关研究表明，A型性格与冠心病的发生密切相关，该种性格又被称为"冠心病性格"。另外一类人则刚好相反，悠闲自得，不好争强，心态平和，这就是B型性格，又被称为"长寿性格"。还有一类则为隐忍温暾型，为人比较自卑，遇事忍气吞声，容易心情紧张，第一反应是回避、忍让，表面看起来老好人，内心却很痛苦。这类人是C型性格，他们很会压抑自己，容易患癌症，这种性格又被称为"癌症性格"。ABC性格学说也给老年人提供了保健的技巧，即不要争强好胜，也不要故意压抑自己，悠然自得、心态平和最为关键。

相关链接

联合国世界卫生组织认为："所谓健康，不但指没有身体的缺陷和疾病，而且要有良好的生理、心理状态和完善的适应能力。"

1. 老年人身心健康的标准

五个快：食得快、讲得快、排泄得快、走得快、睡得快。

三个好：性格好、人际关系好、处事方法好。

2. 心理健康的标准

① 智力正常；

② 稳定的情绪；

③ 自我意识发展良好；

④ 行为与年龄、性别相适应；

⑤ 和谐的人际关系；

⑥ 有优良的意志品质、健全的人格。

3. 离退休期的心理适应

准备期：有积极的准备，也有消极的态度。

退休期：心情激动，依依不舍。

蜜月期：由繁忙工作转入退休生活，无工作负担，轻松愉快。

适应期（约一年时间）：太空闲了，各种不良的感受越来越多，难以适应。

稳定期：重新适应和建立新的生活方式和生活秩序，情绪稳定，安于所遇。

4. 老年人自我心理保健

① 建立乐观主义的人生观、正确的生死观；

② 处理好家庭的人际关系，尊老爱幼、和睦相处，安享天伦之乐；

③ 身体上要认老服老，心理上不服老，永远保持积极向上的雄心，充满热情，参加各种活动；

④ 培养兴趣，增添新的爱好，使精神有寄托、生活有追求，生活内容丰富、充实；

⑤ 要有五乐：自寻快乐（自得其乐）、知足常乐、助人为乐、与人同乐、苦中求乐；

⑥ 锻炼身体，适当运动；

⑦ 注意营养，生活规律，劳逸结合；

⑧ 按照"用进废退"的原则，多动手，勤用脑，延缓衰退；

⑨ 戒除不良嗜好；

⑩ 学习心理知识，增强心理防御能力，以便摆脱困扰、渡过难关。

第二节 老年心理保健的基本理论

案例故事

老张退休三个月了,为了让自己的生活节奏和以前一样,他参加了很多活动来充实自己的退休生活。有的活动很有意义,但有的活动也让老张感觉不太科学,怕上当受骗。老张刚听说了心理保健这个概念,觉得这是个保健的好方法,他想知道心理保健有没有一些理论依据,可以让自己的保健更加科学和高效。

很多老年人都有自己的保健方法,但科学的保健一定有理论依据或临床数据支持,这样才能让保健的效果倍增。心理保健也不例外,它有着科学的理论基础,让老年人根据自身特点选择适合的保健方法,事半功倍。

知识导航

心理保健是一门科学，属于心理学范畴。对于老百姓而言，这是个新的名词，有的人甚至会对心理保健是否有用持怀疑态度。老张的想法是正确的，先了解它的理论知识，才能更好地判断心理保健是否对自己有用。你知道心理保健的基本理论流派有哪些吗？

一、行为心理学流派

1. 理论观点

行为心理学是20世纪初起源于美国的一个心理学流派，它的创始人是美国心理学家华生。行为心理学认为，心理学不应该研究看不见、摸不着的精神活动，而是要研究行为，查明刺激（如看到孙子等）与反应（如开心快乐等）之间的关系，根据刺激推测反应，或根据反应（如开心快乐等）推测刺激（如可能看到了孙子等），以达到预测和控制人的行为的目的。该理论视角下的保健重点是通过改变外在的行为来达到心理保健的目的。

2. 心理治疗

行为心理学由改变外在行为的模式以达到心理治疗的目的，主要方法有系统脱敏法、厌恶疗法、自信心训练、模仿学习、强化法等。

行为心理治疗的主要程序如下：确定目标行为（如发生频率和情境等），确定行为的严重程度以及矫正后的目标行为状态，实施干预计划并根据情况进行调整，一旦达到目标，可逐步结束计划,当发现复发状况,立刻给予辅助性处理。行为心理治疗对老年人的强迫症、恐怖症、不良行为习惯改变等比较有效。

二、认知心理学流派

1. 理论观点

认知心理学流派把人的心理功能看作信息加工系统。认知心理学重视对心理内部过程的研究,并以改变个体适应不良的认知或想法为根本目标,认为认知歪曲是引起情绪不良和非适应行为的根本原因,一旦歪曲的认知得到改变或矫正,情感和行为障碍就会相应好转。影响力比较大的是20世纪50年代美国心理学家艾利斯提出的合理情绪疗法,也叫情绪ABC理论。该理论视角下的保健重点是通过改变思维模式或想法来达到心理保健的目的。

2. 心理治疗技术——合理情绪疗法

情绪ABC理论中:A表示诱发性事件;B表示个体针对此诱发性事件产生的一些信念,即对这件事的一些看法、解释;C表示自己产生的情绪和行为的结果。即人的消极情绪和行为障碍结果,不是由于某一诱发性事件(A)直接引发的,而是由于经历这一事件的个体对它不正确的认知和评价所产生的错误信念(B)所直接引起的。错误信念也称为非理性信念。

如下图中,A指诱发性事件,C指事情的后果,有前因必有后果,但是有同样的前因A,产生了不一样的后果C1和C2。这是因为从前因到后果之间,一定会通过一座桥梁B,这座桥梁就是信念和我们对情境的评价与解释。又因为同一情境之下(A),不同的人的信念、评价和解释不同(B1和B2),所以会得到不同的结果(C1和C2)。因此,事情发生的一切根源在于我们的信念。

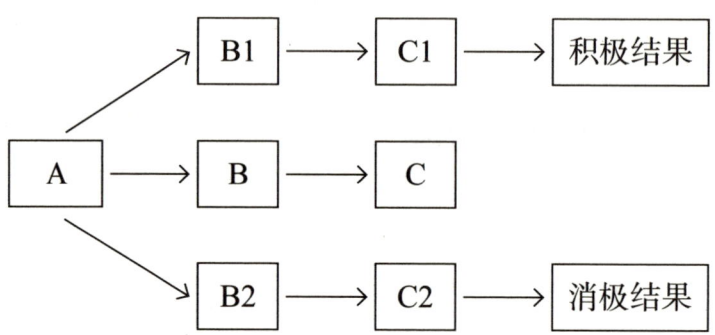

比如你和朋友老王打招呼,老王不理你(A),如果你觉得老王这个人太高傲,看不起你(B1),你就会很生气(C1);如果你认为老王没看到你(B2),虽然有点尴尬但是不会难过(C2);如果你认为老王最近心情不好(B3),你就会很理解他(C3)。所以,改变情绪状态的关键是改变自己对事件的看法,而不是纠结事件本身。

合理情绪疗法的主要程序如下:首先,理清影响自己的事件(A)、自己的情绪状态(C)和自己对事件的看法(B);然后,对自己的看法进行思考,除了此时的看法外,是否还可以有其他的看法;最后,对不合理的看法进行辩论,改变看法,从而改变情绪状态。这种方法对改善老年人的焦虑症、抑郁症、人际关系不良等都比较有效。

三、积极心理学思潮

1. 理论观点

积极心理学,又称为幸福心理学,它倡导用一种积极的心态来重新解读复杂的心理现象,通过激发个体身上潜在的积极品质和积极力量,从而增进个体的幸福感。积极心理学包括三方面的内容:积极的情绪体验(幸福感、满足感、充实与快乐等)、积极的人格特质(保持乐观的积极特质、避免抑郁等)、积极的组织系统(学校、社会、家庭的社会组织)。可以看出,积极心理学更符合老年人群心理保健的特征,它对缓解老年人抑郁情绪、孤独无望、情绪低落等尤为合适。

2. 心理治疗技术——希望疗法

希望是指个人对自己有能力达到目标,并且拥有沿着既定目标前进的动机和信念。很多孤独的、情绪低落的老年人大多数是低希望的人,不具有希望思维。帮助他们找到未来到底想要什么(目标界定清楚),设想出实现目标的方式(找到路径),相信他们能够接近自己的目标(增强动因),这套模式就是希望疗法。希望疗法对缓解老年抑郁症、慢性病引起的情绪困扰以及重大疾病造成的恐慌、老伴去世、空巢孤独等比较有效。

希望疗法的主要程序如下:第一,确定目标,建立希望;第二,鼓励他谈出自己的具体目标;第三,找出切实可行的方法。在建立了希望之后,亲人的陪护和支持将给予老年人很强的心理支持,从而可以取得很好的成效。

保健指南

请问行为心理疗法如何运用在生活中呢?

行为心理疗法是通过心理学的手段矫正不健康的行为，让人保持健康的一种方式。以帮助一位老年人戒烟为例，具体做法如下：第一，讲吸烟的危害，说明吸烟与肺癌、冠心病的关系。第二，给他看一个癌变肺的解剖标本，标本呈暗灰色，外壁褶皱，样子很难看，这些癌变肺的图片均会引起生理上的厌恶感。第三，带着他去病房看有吸烟史的呼吸科病人，看病人痉挛性咳嗽、满脸通红、涕泪交流，近乎窒息的痛苦状；让他看病人吐出的一堆发出恶心的腥味、布满血污的浓痰。第四，紧接着让他去吸烟，他会捂住口鼻，抽了半支烟，然后就恶心难受，扔掉香烟跑去卫生间呕吐了。

请问认知疗法在心理保健中有什么运用呢？

王阿姨和儿媳妇因为春节回谁家过年的事有了一些不愉快，这个时候就可以应用认知疗法。王阿姨的想法："儿子和儿媳妇春节必须陪我过年，不陪我就是不孝顺，就是不爱我。"从心理学角度分析来看，孝顺就是"过年必须陪我"——这是不合理的想法。如果儿子仅仅过年陪你，其他时间都不来，你是否认为这是孝顺？

另外，按照这个想法，儿媳妇不陪自己父母，也是不孝顺，你想让儿媳妇成为不孝的人？王阿姨最后改变了想法，儿子不回家过年，也不觉得伤心了。这就是改变思维模式来改变心态从而达到保健的技术，运用的就是认知疗法。

请问积极心理学在心理保健中有什么应用？

积极心理学针对抑郁、老年病、重大疾病的心理支持比较有效。这里以癌症患者的积极心理支持为例。有一个癌症患者，男，61岁，查出肠癌中晚期，他顿时感觉人生没有了希望，不愿意接受治疗。家人运用希望疗法的理论和方法，协助老人找到希望，制定治疗的目标和实现目标的方法，最后帮助这位癌症患者缓解了重大疾病造成的恐慌情绪，重新确立希望，积极进行治疗，获得了成功。

相关链接

耶鲁大学一位心理学家曾探索过与年龄有关的"积极暗示"是否能够抵消与年龄有关的"消极刻板印象"，以及这种抵消效果的持续时间。

100名老年被试参加了这项研究，平均年龄为81岁。研究一共持续了八周，其间研究人员对老年被试进行了七次访谈。在第二周至第五周的"每周访谈"时间里，第一组老年人得到了与年龄相关的"积极暗示"信息，诸如"精神矍铄""老当益壮"之类的形容词在电脑屏幕上一闪而过，出现的时间很短，短到根本令人无法有意识地察觉。第二组老年人得到的是与年龄相关的、积极的、不带暗示性的信息，直接要求他们想象一下"一位身体、心智都很健康的老年人该是什么样子的"，并写一段描述。第三组老年人则同时得到了两种与年龄相关的、积极的信息，研究人员既给他们提供了"阈下刺激"，又要求他们写一段话。第四组老年人也得到了两种信息，不过是与年龄无关的、中性的信息，作为对照。

研究结果显示，积极的"暗示信息"对老年人的好处最大。相比得到了积极的、不带暗示性的信息的老年人（第二组）和对照组（第四组）而言，得到了"暗示信息"的老年人表现出了显著的心理和生理功能的提高。他们的物理性平衡能力得到了增强，并且这种效果一直持续到第八周实验结束，这意味着这种效果至少能够持续三周。同时，"积极暗示"也提高了老年人对年龄积极刻板印象的自我感知，减少了对消极刻板印象的自我感知。例如，说到与年龄有关的刻板印象的话，"家有一老，如有一宝"算是积极刻板印象，"越老越不中用了"则是消极刻板印象。

研究发现：首先，"积极暗示"提升了老年人对与年龄相关的积极刻板印象的感知；其次，增强了他们对自己的看法和信心；最后，提高了他们的生理机能。

第三节 老年心理健康的影响因素

案例故事

刘阿姨的老伴因为救治无效在半年前去世了。在老伴生病期间，刘阿姨用心照顾，尽力救治。原以为自己能够接受老伴去世的事实，但老伴去世后，刘阿姨忽然感觉心里空荡荡的，做事也没力气，精气神差了很多。怎么帮助刘阿姨渡过难关？丧偶的老年人心理保健应该怎么做？

最新统计数据显示，2020年我国60周岁及以上老年人口约2.5亿，占我国总人口的17.9%。随着老龄化程度的加深，老年人的心理健康问题日渐凸显，引起了社会普遍关注。积极推进老年人心理关爱项目，着力改善老年人心理健康状况，显得尤其重要。

知识导航

老年人心理健康直接影响老年人的生活质量和健康水平。相对于疾病，我国对老年人的心理健康问题还欠缺关注，老年人对心理健康状况认知不足，甚至不知道如何维护自己的心理健康。老年人是特殊群体，生活状况、身体状况和社会关系的变化，都会对老年人的心理产生巨大影响。提高老年人的生活质量，做好老年心理保健，关键是要了解老年人心理健康的影响因素。老年人心理健康的影响因素主要有文化水平、角色转换、人格因素、疾病因素和家庭关系。

一、文化水平

《中国老年人心理健康白皮书》以及其他研究均证明，文化水平影响着老年人的心理健康状况。总体而言，文化水平高的老年人心理健康状况相对较好，主要原因是他们可以通过读书、看报等活动满足心理需求，而文化水平低的老年人满足心理需求的方式相对较少。

二、角色转换

老年人退休后，社会角色有所变化，生活习惯随之变化，易出现心理失落。特别是身体健康的老年人，由繁忙的工作生活转变为休闲的退休生活，心理存在较大落差，若未得到及时有效的调节，则会影响老年人的身心健康。

三、人格因素

人格因素也可能对老年人的身心健康造成影响。不同人格状况的老年人行为风格存在差异，造成在情绪稳定性方面也有较大的差别。有的人格类型喜欢争强好胜，不服输；有的人格类型不擅长表达，喜欢把事情埋在心里；还有的人格类型倾向于随遇而安，顺其自然。不同人格类型的人，心理健康状况也不同。

四、疾病因素

随着年龄的增长，各种病痛随之而来。很多老年人患有各种慢性疾病，这会严重影响老年人的心理健康状况，对经常卧床、生活不能自理的老年人影响尤为明显。相关研究表明，很多患有慢性病的老年人均伴有一定的心理问题，如抑郁、焦虑、人格障碍等。

五、家庭关系

对老年人而言，家庭支持系统显得尤为重要。家庭关系的状况也影响着老年人的心理健康状况。家庭关系主要涉及夫妻关系与父（母）子（女）关系。老年人生活在和谐的家庭关系中，老年人得到尊重，与子女的关系较为融洽，他们的生活满意度较高，心理健康状况良好；相反，老年人处于家庭关系不和谐的环境中，导致其情绪受到影响，生活满意度呈下降趋势，影响老年人的心理健康状态。

保健指南

 如何释放我的不良情绪呢?

提高心理健康意识,合理释放不良情绪。老年人要对情绪低落、人际关系不良(两代之间的矛盾)、空巢的孤独感等心理状态变化引起重视,通过自我疏导或他人帮助的模式及时释放不良情绪,保持良好心态。比如王大爷心情压抑的时候就去练书法,通过书写将情绪慢慢稳定,而王大婶却通过跳广场舞宣泄自己的情绪,也有的老年人通过继续工作或做公益事业来提升自己的情绪资本。简单来讲,老年人要培养自己的兴趣,通过兴趣释放自己的情绪。

 面对疾病时,我应该怎么办?

随着年龄增长、身体器官的衰退,老年人大多会体弱多病。能否正确对待疾病,对老年人身心健康将产生很大影响。要以理智的方式看待各种问题,接纳疾病是每个人成长的一部

分。内心接纳了，才能够控制好自己的情绪，让心情保持平静。如果遇到疾病就惊慌失措，不仅不利于疾病康复，还容易加重精神负担，导致心理疾病的产生。接纳疾病，不要讳疾忌医、隐瞒病情，而错过及时治疗的良机，造成病情加重。

 退休后，感觉生活很迷茫，怎么办？

培养兴趣爱好，加强人际交往。很多老年人退休后会感到迷茫，健康的兴趣爱好和积极的人际交往可使老年人的精神生活得到充实，从而起到调节情绪、愉悦身心、保持心理平衡的作用。据调查，长寿老年人的重要心理特征是积极参加各种社会活动，喜欢与人交往，愿意同集体保持密切联系。

 如何完善我的老年生活？

认识了解自我，打造完美人格。很多老年人还按照自己年轻时的状态要求自己，过高地估计自己的能力，勉强去做超过自己能力的事

情，常常会得不到想象中的结果，而使自己遭受心理打击。有的老年人过低地估计自己的能力，自我评价偏低，缺乏自信心，从而产生抑郁情绪。针对自己的实际，接纳自己的状态，才能在生活中体验出幸福感和满足感。

相关链接

老年人的健康不仅包括老年人身体各方面生理机能的健康，还包含在基本认知、记忆、情绪、社会交往等多方面的心理健康。身心健康是老年人健康的完整内涵，这两者既相互依存又相互促进，是不可分割的有机统一体，均与老年生活质量密切相关。临床研究表明，A型性格的人患冠心病和高血压的概率是B型性格的2至3倍。研究还发现，乐观老年人寿命比消极老年人长10年，慢性病和痴呆发病率更低。

大量研究一致表明，"无心理健康，则无健康"。世界精神卫生联盟提出："没有健康就无法发展，没有心理健康就无法真正实现健康。"因此，老年人心理健康研究与促进不仅是保障人民健康、惠及民生的重大需求，也是保障社会经济持续发展、构建和谐社会的重大需求。

如何科学定义心理健康，如何客观评估我国老年人的心理健康是维护和促进老年人心理健康的基础和前提。为此，中国老年人心理健康评估指南专家组以科学的心理学理论为基础，结合以往研究和实践的成果，特别制定了我国老年人心理健康评估标准。

1. 心理健康概念

心理健康是指个体内部心理和谐一致、外部适应良好的稳定的心理状态，具体包括以下五个维度：认知效能、情绪体验、自我认识、人际交往和适应能力。

2. 老年人心理健康评估

根据心理健康的概念和维度，对老年人的心理健康进行评估时要全面考察以下五个方面。

（1）认知效能。老年人能保持基本的日常认知功能，如注意、学习、记忆、思维等，能生活自理，完成日常任务，这是保证生活质量的重要环节。老年人还能在学习新事物中发挥智力潜能，不断提高认知效能。

（2）情绪体验。老年人一生经历不同的生活事件，情绪体验较深刻，情绪反应持续时间较长。老年人要有良好的情绪调适能力，才能使情绪稳定，保持积极的情绪状态。

（3）自我认识。老年人要凭借自己丰富的阅历，不断认识自我，才能正确地了解和评价自己，有自知之明，具有完好的自我认知。

（4）人际交往。老年人要有一定的交往能力，主动与他人联系，尤其要和家人沟通，理解、关爱和帮助他人。要参与社会，融入社会，获得社会支持，这是积极老龄化的重要环节。

（5）适应能力。老年人要在与人和环境的相互作用中不断调适自己，积极应对自身老化带来的各种困难和面临的生活事件，保持良好心态；有较强的心理承受能力，能耐受挫折，尽快复原，恢复正常生活。

老年认知

第二章

　　认知是指人们获得知识或应用知识的过程。这是人的最基本的心理过程,包括感觉、知觉、记忆、思维、想象和语言等。它是心理活动产生发展的前提和基础。本章将围绕老年认知的基本特征、老年认知和健康的关系以及如何预防老年认知症等展开,让老年人学会以一种接纳的心态去认识自身认知能力的变化,帮助老年人保持良好的心态。

第一节

老年认知的基本特征

案例故事

前几天,儿子为了方便老王和孙子视频通话,给他买了一部智能手机。老王不会使用智能手机,连最基本的用微信发消息,他学了好几次才勉强记住步骤。老王有严重的老花眼,手机上的字总是看不清楚,现在基本上需要随身带着老花镜。他的耳朵也有些背,和孙子视频通话的时候,总是听不清楚。自从用了智能手机,老王开始唉声叹气起来,觉得自己真是年纪大了,样样都不如从前了。

由于老年人生理功能在衰退,脑功能在退化,对中枢神经系统神经递质的合成造成了影响,降低了新陈代谢,所以会导致感觉能力下降、意识差、反应迟缓、注意力不集中等。这主

要表现为两个方面：一方面，视力下降，听力下降，灵敏度下降；另一方面，动作不灵活，协调性差，迟钝，笨拙。这些都会影响老年人的心态。

知识导航

老年人的能力会退化，这给老年人的生活带来很多不便，也让老年人的自我感受变得很差，生活满意度下降，自信心降低。老王的这种情况就是比较明显的认知能力的退化。你知道认知能力是什么吗？你知道老年人认知老化的特点和规律有哪些吗？你知道老年人认知老化的影响因素有哪些吗？

一、什么是认知

认知是我们获取到的一切信息的总和，包括感觉、知觉、记忆、思维、想象、语言等。

我们可以看到五颜六色的世界，可以听到美妙的音乐，可以闻到奇异的花香，可以尝到世界各地的美食，可以抚摸不同材质的东西，这些都是我们的感觉，也都属于我们的认知。我们把感觉到的信息汇聚在大脑中，可能会唤起我们曾经的记忆，又或者会因为这些外界信息，形成我们新的思维，最后用语言传达给其他人。

随着年龄的增长，老年人的认知也发生了一些变化，从感觉衰退（如耳聋眼花等）开始，到记忆减退，再到思维缓慢，形成老年人特有的认知规律。

二、老年人认知老化的特点

1. 速度减慢

速度减慢包括感觉运动和中枢加工两方面。年龄对认知成分的损害大于对知觉运动成分的损害。运动(尤其是行为)速度减慢在老年人身上十分明显,一般认为运动速度减慢是整个神经系统老化的结果。中枢加工速度减慢明显表现在反应速度上。信息超负荷和任务过于复杂、注意和记忆能力下降、操作中注重准确性而非速度、选择策略过于遵守常规、激活水平和动机低是造成老年人反应速度减慢的原因。

2. 记忆力下降

随着年龄的增长,记忆力逐渐下降。众多研究发现,老年人记忆力下降的重点集中在工作记忆上。人的记忆过程,从输入开始,分别经过感知记忆、工作记忆和长时记忆。其中感知记忆,可以理解为人的视觉、听觉、触觉等感官系统所接收到的信息。它经人的神经系统传输到工作记忆并进行相应处理之后,才会转到我们人脑中的"硬盘"去,当然工作记忆也可以直接从"硬盘"中读取信息。如果说长时记忆是人脑的"超大容量硬盘",那么工作记忆就是人脑的"高速内存"。老年人可以通过训练工作记忆来减缓记忆力下降的现象。

3. 抑制力减弱

随着年龄的上升,老年人更可能受到无关信息的干扰,这是因为老年人抵抗无关刺激影响的能力减弱。这也是老年人睡眠困难、睡眠质量差、很容易被惊醒的原因。

4. 依赖性增强

"现场依赖"是指个体与环境的相互作用受周围各种关系的影响。现场依赖性高的个体往往倾向于团体协作，在学习高度结构化和有组织的材料时效果较好，而在环境探索中困难较多，需要较多的辅助信息和反馈。研究发现，老年人的现场依赖程度明显上升。

认知老化是限制老年人工作活动能力和降低其生活独立性的重要原因，同时也是导致老年痴呆症的重要原因。

三、老年人认知老化的规律

1. 感知觉发生显著变化

感知觉在老年人中是衰退最早、变化最明显的。感觉中变化最明显的是视觉和听觉，其次是味觉、嗅觉和触觉。第一，视觉方面。老年人看事物细节的能力越来越差，比如年龄越大，越不适合做精细的手工活。随着年龄的增长，人的辨色能力也逐渐减弱，老年人容易对蓝色和绿色分辨不清。第二，听觉方面。老年人的听力也在减退。50—59岁是中国人听力老化的转折区，70—79岁开始有明显的下降，80岁以上最为明显，有些人听力减退到接近耳聋的程度。第三，味觉方面。一般来说，50岁以前看不出有多大的变化，50岁以后逐渐减退，70岁开始急剧减退，感受咸味的能力丧失最多，然后依次是苦味、酸味、甜味，这也是为什么年轻人觉得老年人做饭偏咸的原因。第四，嗅觉方面。50岁以后，嗅觉的敏感性下降，嗅觉开始迟钝，对气味的分辨能力下降，男性尤其明显。第五，触觉方面。60岁以后，触觉的敏感性下降，老年人对温度的感觉和痛觉比较迟钝，对温度变化反应不敏感，如室温很热也不觉得热，很冷也不觉得冷。

2. 老年期的记忆开始减退

从少年期到成年期是记忆的"黄金时期"。40岁以后，人的记忆就会有一个比较明显的衰退阶段，然后维持在一个相对稳定的水平上，直到70岁以后又出现一个明显的衰退阶段。

和年轻人相比，老年人的机械记忆减退得比较厉害。机械记忆通俗地说就是死记硬背，比如电话号码等。记住一个新的电话号码对老年人来说并不是一件容易的事情。年纪大了以后，短期记忆会出现下降的情况，对近期或刚刚发生的事情，却记不清楚；但长期记忆的变化不大，老年人一般对很久以前的人、经历的事情，记得非常清楚，所以一些老年人会很愿意和孙辈讲述自己年轻时候的事情。

3. 老年人智力水平下滑

相关研究表明，智力测验分数约在14岁以前是直线上升的，此后开始逐渐变缓，约在26岁停止增长，26岁至36岁基本上保持不变，称为智力的高原期。随后，智力开始缓慢下滑。但通过不停地学习，可以减慢下滑的速度。

保健指南

运动对认知老化有作用吗？

认知的衰退相当程度上是由生理状况的恶化造成的，因此可以通过加强身体锻炼的方式，

减缓认知能力的衰退。老年人每天需要保持一定时间的运动量,积极地进行体育锻炼可以有效延缓老年人的认知老化。

运动技能对认知老化的作用是什么?

虽然老年人在从事一些和记忆有关的事情时,熟练程度不如年轻人,比如对智能手机的使用,但是如果通过重复、多次的持续练习,老年人会获得和年轻人相似的能力水平。

应对认知老化还有什么好方法?

可以尝试使用辅助设备。现代社会中,许多因年龄增大造成的认知老化可以通过辅助设备进行弥补。比如有些老年人定好10分钟后需要关火,但是10分钟后经常会把事情抛之脑后,这种情况下就可以利用计时器的提醒功能,10分钟后利用外界设备来提醒自己。

老年人认知老化的生理原因是什么?

老年人新陈代谢的能力和蛋白质合成的速度都会出现下降，从而导致器官和组织的萎缩和老化。人在75岁的时候，脑的供血量仅是35岁时的90%，这使神经系统受到普遍的影响，加之脑细胞的合成速度下降，会直接导致老年人认知老化。

教育水平对认知老化有影响吗？

老年人的认知能力会受到教育水平的影响，比如受教育水平越高，运算能力和对事物的归纳能力受年龄的影响就会越小。

**相关链接**

第二章 老年认知

　　每周阅读一本书。生活内容丰富、多用脑的人，大脑衰老速度慢，读书和思考对大脑的刺激会促使神经突触变丰富，延缓衰老进程。常读书的人具有较高的认知储备，大脑衰老时能起到缓冲作用，减缓衰老速度，使大脑更能抵抗痴呆症等疾病。

　　每周进行两次30分钟的锻炼。一周出去两次，每次进行30分钟的太极拳、快走或其他户外活动，不仅有利于大脑血液循环，还对控制胆固醇、调节血压有积极影响。但老年人锻炼一定要量力而行，身体微微出汗即可。运动健脑越早越好，任何年龄开始都不晚。

多吃抗氧化食物。延缓大脑衰老可多摄入富含黄酮或胡萝卜素类抗氧化、抗衰老的食物，例如适量多喝茶，多吃瓜果、蔬菜、坚果等，能有效延缓大脑衰老。

保持乐观心态。心情愉快会影响体内激素水平，使新陈代谢水平变高，大脑供血、供氧充足。我们有时需要培养反向思维，乐观看待事物。比如摔跤骨折，不要总想着自己有多倒霉，而要想想只是骨折，并没有太糟，也算九死一生。

第二节

老年认知和健康的关系

案例故事

陈大妈半年前被家人发现记忆力明显下降,经常丢三落四。比如刚烧上水就不记得了,出去买菜经常付了钱却忘记拿走菜,刚说过的话和做过的事情也不记得了,以前的事情却记得很牢。陈大妈究竟怎么了?为什么记忆力下降得这么厉害?

人上了年纪除了身体上行动不便外,连脑力都"跟不上"了,记忆力减退,认知功能衰退,就连患"老年痴呆"的概率也越来越大。这里的"老年痴呆"就是认知症。认知症被喻为认知的癌症,是可防难治的病症,需要引起老年人足够的重视。

知识导航

认知能力是老年人健康中的核心因素。如果认知能力出现问题，对老年人的健康和安全都会产生极大的危害。陈大妈的这种情况就有患认知症的可能性，认知症是目前严重影响老年人健康的病症之一。你知道认知症吗？认知症和健忘一样吗？你知道怎样识别认知症吗？

一、什么是老年认知症

老年认知症在老年人群中发病率较高。在我国65岁以上的老年人中，大约占到3%—7%；而85岁以上的人群该病的发病率可以高达20%以上。这是因为人到了一定年龄阶段，脑细胞会急速退化，这个退化过程不是一种正常的衰老过程。脑部功能逐渐减退会导致智力减退、情感和性格变化，最终严重影响日常生活能力。认知症起病不易察觉，发展缓慢，最早期往往是从逐渐加重的健忘开始。有些老年人说："唉！人老了，记性也变差了！"这有可能是老年认知症的先兆。

二、老年认知症和健忘的区别

1. 认知症

认知症的表现：记不起发生过的事，即使经过反复的提醒也回忆不起来；丧失了识别周围环境的能力，不知身在何处；会逐渐丧失生活自理能力；毫无烦恼，思维变得越来越迟钝，语言越来越贫乏，缺乏幽默；伴随出现多种病态症状，如躁狂、激越等精神行为症状。

2. 一般健忘症

一般健忘症的表现：只是遗忘事情的某一部分，一般经人提醒就会想起；对时间、地点、人物关系和周围环境的认知能力丝毫未减；日常生活可以自理；对记忆力下降相当苦恼，为了不致误事，常记个备忘录。

三、老年认知症的十大危险信号

第一，记忆力日渐衰退，影响日常起居活动。例如炒菜放两次盐，做完饭忘记关煤气等。

第二，处理熟悉的事情出现困难。例如不知道穿衣服的次序或做饭菜的步骤等。

第三，语言表达出现困难。例如忘记简单的词语，说的话或写的句子让人无法理解等。

第四，对时间、地点及人物日渐感到混淆。例如不记得今天是几号、星期几，不知道自己在哪个省份等。

第五，判断力日渐减退。例如烈日下穿着棉袄，寒冬时却穿薄衣等。

第六，理解力或合理安排事物的能力下降。例如跟不上他人交谈的思路，不能按时支付各种账单等。

第七，常把东西乱放在不适当的地方。例如将熨斗放进洗衣机等。

第八，情绪表现不稳或行为较之前显得异常。例如情绪快速涨落，变得喜怒无常等。

第九，性格出现转变。例如可变得多疑、淡漠、焦虑或粗暴等。

第十，失去做事的主动性。例如终日消磨时日，对以前的爱好也没有兴趣等。

保健指南

我觉得自己有些老年认知症的症状，请问我应该怎么办？

如果您发现有和老年认知症相符的症状的话，建议您应该先去正规的医院做检查。建议尽早去就诊，早期确诊并对症治疗可以延缓疾病发展的速度。

那我应该去哪个科室看病呢？

有条件的医院可去记忆门诊就诊；未开设记忆门诊的医院应去神经内科就诊；就诊时最好找认知障碍专科医生诊治。

去医院会做哪些检查呢？

您需要向医生提供详细的病史；除此之外，可能还会做神经心理的检测，比如医生会提一些简单的问题，或做一些测试；同时，也会做一些血液的化验或头部影像等辅助检查。

老年人的所有智力都会下降吗？

老年人的智力包括晶体智力和液体智力。人到老年后，晶体智力的衰减速度是很缓慢的，甚至会有提高。晶体智力指的是后天学习的内容，比如学识等。俗话说"老将出马，一个顶俩"，这其实就是对老年人晶体智力的夸奖。同时，液体智力会出现下降的情况。液体智力指的是对近期事情的记忆、反应速度、思维力等。

第二章 老年认知

 **相关链接**

如何延缓老年人认知功能衰退，实现"成功老龄化"一直是热点问题。然而，除了年龄、遗传因素等不可改变的危险因素外，健康的生活方式干预可以成为预防老年人认知功能减退的有效手段。

芬兰一项针对1260名60—77岁老年人的研究发现，整合身体活动、膳食、血管危险因素和认知功能锻炼的多因素干预手段，可以有效地延缓老年人认知功能的衰退。参与的老年人在研究开始时并没有认知问题，处于相对健康的状态，因而可以反映健康的生活方式干预对普通老年人群的作用。

身体活动和膳食因素，一直是心血管疾病、糖尿病等慢性疾病在生活方式方面的干预重点，同样，它们对认知功能的改善也有益处。长期坚持中等强度的体力活动能够保护认知功能。日常生活中的体力活动，特别是快步走、慢跑、舞蹈、游泳等有氧运动，会对老年人的认知功能产生积极的影响。膳食结构也与老年人认知功能关系密切。合理的膳食结构，如低碳水化合物、适量不饱和脂肪酸、膳食纤维和特定营养素的饮食，可以延缓老年人认知功能的衰退。而不合理的膳食结构，如高脂肪、高胆固醇、高热量的饮食，会加速老年人认知功能的衰退。

老年人也应当注意积极锻炼自己的认知功能，让大脑忙起来。多与子女、朋友联系，多参加家庭活动，退休后继续工作，经常旅游，积极参加社会娱乐活动，保持阅读或玩棋牌等，都有助于延缓认知功能的衰退。

除此之外，老年人也应定期测量血压、体重、腰围等，如有需要应及时去医院就诊。

第三节

预防老年认知症的方法

案例故事

隔壁王阿姨以前性格开朗，爱交朋友，但最近她连最喜欢的广场舞也不去跳了。有一次说好去门口银行取退休金，结果半天都没有回家，原来她不记得取款密码了，一着急更是连家里的门牌号也忘记了。后来，她去医院做了检查，被确诊为老年认知症。

我妈和王阿姨年纪差不多，看到王阿姨这个情况，我开始担心起我妈的健康。请问老年认知症有什么预防方法吗？

老年认知症会出现记忆障碍、认知异常、执行功能障碍、失语和引发的并发症等问题，严重影响到患者的生活质量，并对其家庭关系产生严重的影响。因此，上了年纪的老年人要

提前做好预防措施，减少患认知症的风险，对享受幸福晚年至关重要。

知识导航

老年人如果得了认知症，对老人和家庭而言都是非常痛苦的。认知症还没有已知的完全治愈的方法，像王阿姨这种已经确诊为老年认知症的情况，可以采用药物和非药物理疗的方法来缓解她的症状。

一、减少糖、盐、油的摄入量

临床研究中发现，人若在青中年时期经常摄入大量糖、盐、油，到老年后就易患认知症。因此，老年人平时应以清淡食物为主，尽量少吃含糖、盐、油多的食物。

二、少饮或不饮烈性酒

科学研究证实，经常饮酒的人患认知症的概率比从不饮酒的人高5至10倍。这是因为酒精不但能使大脑细胞的密度降低，还能使大脑细胞快速萎缩。

三、要吃富含胆碱的食物

科学研究证实，乙酰胆碱的缺乏是人们患认知症的主要原因之一。乙酰胆碱有增强记忆力的作用,都是由胆碱合成的。富含胆碱的食物有豆制品、蛋类、花生、核桃、鱼类、肉类、燕麦、小米等。

四、要吃含维生素 B_{12} 的食物

研究发现,常吃富含维生素 B_{12} 的食物有预防认知症的作用,主要食物包括动物内脏、海带、红腐乳、臭豆腐、大白菜、萝卜等。

五、吃饭要吃七分饱

临床研究发现,每餐都吃得很饱的人极易患认知症。老年人每餐都应只吃七分饱,这样不但可以预防认知症,还能很好地保护消化系统。

六、要勤动脑

大脑接收信息越多,脑细胞就越发达、越有生命力。老年人要经常进行一些脑力活动,如看书、下棋等。

七、不要吸烟

研究调查发现,吸烟 10 年以上的人患认知症的概率远远大于不吸烟的人,吸烟可导致脑细胞发生萎缩。

八、要积极参加体育锻炼

体育锻炼可以使人血液循环加快,从而增加大脑的血流量,使脑细胞得到充足的养分和氧气。

九、吃食物时要多咀嚼

生理学家发现,当人咀嚼食物时,其大脑的血流量会增加20%。

保健指南

除了生活方式外,还有哪些预防认知症的方法?

家庭陪伴是最好的良药。老年人要多和家人在一起,感受到家人及外界的支持,有助于减少无助或者挫败感。

独居和群居的老年人在患认知症方面有区别吗?

瑞典的一项调查得出了以下结论：一方面，以1000名独居且几乎没有亲朋好友来访的人为对象调查认知症的发病概率，1000人中有160人患了认知症；另一方面，以1000名与家人同住且孩子或朋友每周造访1次以上的人为对象进行相同的调查，1000人中患认知症的只有20人。由此可知，缺乏良好人际关系的人患认知症的概率是其他人的8倍。因此，常和家人、朋友、熟人聊天，参加各种聚会等对预防认知症很有帮助。

听说铅和铝会使人患认知症，是真的吗？

铅和铝都有神经毒性，进入人体后多侵害大脑组织引起痴呆，生活中应提高警惕，尽量不要食用含铅和铝的食品。铅及其化合物进入人体后，容易通过血脑屏障进入中枢神经系统，侵害大脑海马体和大脑皮质，导致老年痴呆的出现。生活中含铅食品最常见的就是路边用膨化器加工的爆米花。膨化器含有大量的铅，在加热、加压的过程中会进入爆米花中，应尽可能地少食用或不食用。此外，生活中还要注意不能用报纸等印刷品包食物，选择无铅化妆品和染发剂，多食维生素C以促进铅的排出。

铝进入人体后容易在脑内蓄积，干扰脑细胞的正常活动，破坏神经元结构，损害大脑记忆，导致老年痴呆的出现。生活中含铝食品最常见的是膨化食品，膨化剂中含有明矾，明矾中含铝。膨化食品不仅仅是薯片、虾条，还有酵母粉、油条、苏打饼干、干酪等。另外，有些粉丝中也含有明矾，因为明矾可以增加其韧性；劣质茶叶中也含有大量明矾，注意尽量不要食用。

活动手指能改善认知症吗？

临床研究发现，活动手指可以给脑细胞直接刺激，对延缓脑细胞衰老有很大好处。老年人可以通过打算盘、在手中转动健身球、练书法、弹乐器等方式来运动手指，从而预防认知症的发生。

便秘和认知症也有相关性吗？

相关调查资料显示，便秘是引发认知症的重要原因之一。因为便秘的人其肠道会产生

氨气、硫化氢、硫醇等有毒物质，这些物质会随血液循环损害大脑。

相关链接

你知道吗？和认知症老人沟通是有沟通技巧的。

1. 请不要问"您还记得什么时候……吗"

人们很想尝试唤起认知症长者的记忆。然而，"您还记得什么时候……吗"这样的问题通常会适得其反地暴露他的记忆缺失。对认知症长者来说，这可能是一次令人沮丧和痛苦的体验，而且这种形式的大脑训练法能否起到保留记忆的效果，还未经证明。不过，不这样问并不意味着避免谈论过去，但你最好的做法是引导谈话，让他能够参与进来。

试试这样做：与其提出问题，不如试试引导着说"我记得那是……"。这样就不会令认知症长者尴尬，他可以冷静地搜索记忆，要是乐意的话就会加入进来。

2. 请不要说"我刚和您说过"

认知症长者有时候会不断地问相同的问题。一遍又一遍地回答的确容易让人沮丧，但我们要意识到，重复行为一直会存在。把沮丧或烦躁强加于认知症长者没有任何好处。"我刚和您说过"这句话只会提醒他现在的病况和窘境。

试试这样做：尽可能保持礼貌和耐心，让认知症长者感觉到被人倾听和理解，这点非常重要。

3. 请不要说"你××十年前就死了"

认知症长者可能会忘了过去的丧亲之痛，或想要去找某位已经逝去的亲人。然而，直接告诉他们亲人已经离世，会让他们感到痛苦和茫然，甚至会重揭之前的伤痛。虽然每位长者的家庭情况各异，照护者回应的方式也会不同，但保持敏感总是好的。

试试这样做：最好为某人的"缺席"想出其他理由，有时候温柔的回忆或提醒也是可取的。如果他们已经到了认知症晚期，告诉他们某人已去世已经没有意义了，最好避免这么做。

4. 请不要问"今天早晨您做什么了"

要避免问太宽泛的问题。一旦认知症长者不知道怎么回答，就会给他们带来压力。虽然询问长者的日常看起来很有礼貌，但最好还是关注当下发生的事情。

还有一点很重要的是，要给认知症长者继续选择的机会。所以预先准备好二选一的问题将会是一项有效的技巧。

试试这样做：与其问"您想喝什么"，不如问"您想要喝茶还是咖啡"，或干脆更简单一些，如"您要喝茶吗"。

5. 请不要问"您还认识我吗"

如果认知症长者没能认出你，你可能会感到很郁闷。但是请记住，这种感觉是相互的。如果他们不记得了，他们会感到自责；如果他们还记得，可能会感觉不悦，因为你挑战了他们本来就模糊的记忆。

试试这样做：你与认知症长者问好的方式可以随着他们所处的状况而有所不同。这个需要你自己来判断，但一定要保持友好。一个温和的招呼也许就足够了，直接说出你的名字也是有用的。

第三章 老年情绪

我们经常说"触景生情",情就是情绪,景就是引起情绪变化的刺激因素。有研究发现,保持良好的情绪是老年人健康长寿的主要原因。本章主要对老年情绪的特点及类型、老年情绪对身心健康的关系以及老年情绪的调适方法进行介绍,帮助老年人认识并提高情绪的管理和调节能力,提高老年人的心理健康水平。

第一节

老年情绪的特点及类型

 案例故事

　　王大伯是单位里的负责人，今年退休了。起初在女儿的劝说下，他曾到公园里老年人比较多的地方转了几天，但是很快他就不愿意再出门了，整天闷在家中，不与别人来往。渐渐地女儿发现父亲的性格有了很大的变化，变得爱生气，爱唠叨，对一些社会现象经常看不惯，每次去原单位办事回来后还常常愤愤不平，"要是我当领导肯定不会这样"。尤其是到了节假日，登门看望他的人明显少了，这让王大伯更是满腹感慨、情绪低落。

　　岁月的雕刻可以让一个暴躁的老年人变得平和下来，但也有些老年人却突然变得脾气暴躁起来。老年人情绪的稳定对老

年生活异常重要。学会与情绪相处，成为自己情绪的主人，能帮助老年人获得平和的心态和愉悦的人生。

知识导航

老年人因为身份的变化引起情绪的变化是每个人如影随形的心理感受。

能力的退化、关系的丧失等，容易引发负性情绪，长期处于负性情绪状态会对身体健康和心理健康产生不良影响。王大伯就是因为退休导致的落寞和孤寂的情绪。你知道老年情绪有什么特点吗？你知道老年情绪的类型吗？

老年人由于各自的人生经历、文化背景、生活环境、个性特征和行为需求存在差异，因而他们所处的情绪状态也会不一样。进入老年期后，随着年岁的增长、身体健康水平的下降、社交圈子的缩小、空闲时间的增多，老年人会出现一系列消极情绪体验。具体来说，老年情绪有以下特点。

一、衰老感和怀旧感同现

衰老感是一种个人的体验，会觉得"老了，不中用了"。老年人有了衰老感以后，心里会有消极的自我暗示，那么大脑功能就会衰老甚至病变，产生短期的记忆力下降，变得固执、怪僻，严重的还会自我封闭，甚至引发濒死感。

怀旧感指的是个体面对老年期的处境而产生的对年轻时代或故人、故物的怀念和留念。这是一个正常的心理现象。但如果老年人过分怀旧，就难免会心绪忧伤、悲观失望，影响身心健康。

二、空虚感和孤独感共生

空虚感指的是老年人不知道如何安排时间,从而产生的一种无助的心理体验。老年人退休后,可以自由分配的时间比较多,如果没有新的内容来充实,缺乏自己感兴趣的活动,就会觉得很无聊,容易引起老年人失眠、不宁,甚至对人生悲观失望。

孤独感是一种心理上的隔离状态,感觉被别人疏远、抛弃或者不被他人接纳的情绪体验。每个人都希望有朋友,但是如果没有朋友,就会觉得有孤独感。这种寂寞、冷落甚至被遗弃的感觉,可能会导致老年人人格变态,有碍健康。

三、焦虑感和抑郁感相伴

焦虑感指的是老年人在生活中,当面对现实的、预期会出现的某种不好的事情时出现的一种心理体验。有些老年人会因为不适应退休后带孙子的新角色,或者没有及时退出工作时的状态而引起的角色中断,手足无措,产生焦虑感。焦虑感从好的方面来看,可以增强老年人改变现状的紧迫性,但在更多的情况下,会带给老年人消极影响。

抑郁感是老年人在做自己的事情却没有达成心愿时产生的一种心理感受。例如有些老年人的身体长期不舒服,心里很忧愁,如果子女和周围的人不理解、不体谅,这种情绪会使老年人对身边的一切都感觉烦恼和不愉快。

四、自尊感和自卑感共存

自尊感是指从他人处获得尊重的满足感。老年人一般都有较强的自尊感。自尊感是一种积极的情绪，可以起到自我约束、自我激励的作用。当自尊的需要不能得到应有的满足时，老年人往往会以愤怒的情绪表现出来，或者走向事物的反面，产生自卑感。

自卑感指的是一个人过低地评价自己，或者自尊心得不到满足的一种情感。有些老年人觉得自己退休后跟不上社会、年轻人的节奏，就很容易产生自卑感，于是更加自我封闭、自我孤立、自我退缩，减少社会交往。

保健指南

老年人退休后，从心理健康的角度应该做什么样的情绪调适呢？

老年人退休后，最害怕出现"碌碌无为"和过分"冷清"的情况。这些都会使老年人产生孤独感、寂寞感、空虚感。因此，老年人应做好退休生活的心理准备。首先，老年人需要认识到退休是每个人都要面对的阶段，是每个人为社会贡献后应享受到的权利；其次，老年人在体力和精力都允许的前提下，可以"老有所为"；最后，老年人退休后也可以建立自己的交友圈，和退休后的朋友互相交流沟通，享受丰富多彩的老年生活。

扩大社交范围对情绪调适的作用是什么？

发挥余热，重归社会。退休后，如果身体健康又有一技之长的话，可以寻找机会，做一些力所能及的工作，充实生活，但要注意量力而行，不可勉强，要讲究内心的真实需求，不要图虚名、图面子。如果退休前没有特殊爱好，此时正可以利用闲暇时间有意识地培养一些，只要有任何爱好，都可以益智怡情。

老年人退休后应该怎样调节情绪？

生活自律，坚持锻炼。退休后也要给自己制订合理的作息时间表，建立一种新的生活节奏，坚持锻炼身体，增强保健意识。"一掉一耍"，扩大社交。"一掉"意思是把自己的身价掉一掉；"一耍"就是把自己的兴趣玩起来，努力保持与旧友的关系。

人际关系对退休后的情绪有哪些影响?

退休后,人际关系的利害冲突就少了,多了自主选择的权利。所以要学会善待自己,还要拿得起、放得下,学会宽容,善待他人,多想想现在生活的美好。

调节情绪还有什么好方法?

学会幽默和自嘲,可以让人放松心情,释放压力,缓和气氛。如果焦虑和忧愁的情绪通过自身努力无法改善,也不要回避咨询心理专家,通过正确外力的支持和帮助,可以平稳度过不良情绪的急性危机期。

相关链接

人到了老年,总会出现很多的状况,有的老年人爱生病,有的老年人爱生气。经常生气对身体是很不利的,伤神又伤身。老年人经常生气有很多坏处,不信可看看下面的详细介绍。

伤脑:气愤之极,可使大脑思维突破常规活动,往往做出鲁莽或过激举动,反常行为又形成对大脑中枢的恶劣刺激,气血上冲，甚至会导致脑溢血。

伤神：生气的时候心跳都比较快，心情很难平静下来，这也直接导致入睡困难，影响睡眠质量，导致老年人精神不振，甚至会出现神志恍惚的情况。

伤肤：经常生闷气会导致面容憔悴、双眼浮肿、皱纹多生。

伤内分泌：一个人生闷气的时候会导致甲状腺功能亢进，而且非常气愤的时候心跳会异常加速，出现心慌、胸闷等异常表现，甚至会诱发心绞痛或心肌梗死。

伤肺：生气时的人呼吸急促，可致气逆、肺胀、气喘咳嗽，危害肺的健康。

伤肝：人处于气愤愁闷状态时，可致肝气不畅、肝胆不和、肝部疼痛。

伤肾：经常生气的人，可使肾气不畅，易致闭尿或尿失禁。

伤胃：气懑之时，不思饮食，久之必致胃肠消化功能紊乱。

为了健康长寿，一定要少生气，可以从以下几方面调节情绪：第一，对组织、对单位不要期望过高。已经退休了，拿着养老金，就已经很好了，再有新的关照就是惊喜，值得感恩。第二，对朋友不要期望过高。怀着纯真质朴之情交友，不图回报，只求带来好心情。第三，对世人也不要期望过高。每天出门办事购物，高高兴兴出门，快快乐乐回来，就是幸福的一天。成年累月与方方面面的人交往，不可能都是笑脸，公交车上也不可能都让座，人人都不容易，谁都有不顺心的时候，只要记住"理解万岁"就可以了。第四，对身体不要期望过高。"小病是福"，小病类似黄灯，可以让你警惕起来——要注意关照自己了。要学会接纳自己的问题，学会与问题相处，与身体小毛病交朋友，容忍自己衰老。每个人都有年老时，期望千万莫要高，一切随遇为安好。

第二节

情绪与身心健康的关系

案例故事

张阿姨今年65岁,11年前查出三阴性乳腺癌,这是乳癌中最为凶险的类型。通过手术治疗,她康复了,直到现在一直没有复发。张阿姨说,她生病康复的三大制胜法宝就是饮食、运动、情绪。保持心情愉悦,放宽心态,不把自己当病人。同时,保持定期运动的习惯,饮食清淡,多吃果蔬。

情绪是每个人心里的玫瑰,有沁人的芬芳,也有尖锐的茎刺。调节情绪,让每一位老年人的身心更加健康。

知识导航

情绪是一系列主观感受,积极情绪有利于身心健康,能够提高人体免疫力;消极情绪不利于身心健康,会对个体造成危害。张阿姨保持良好心态,心情愉悦,术后康复得非常好,这也充分说明了情绪对身心健康的影响。那么,你知道什么是积极情绪和消极情绪吗?你知道心身疾病包括哪些吗?你知道怎么预防心身疾病吗?

一、积极情绪与消极情绪

积极情绪是指由于体内外刺激、事件满足个体需要而产生的伴有愉悦感受的情绪,包括快乐、满意、自豪、感激和爱等。

积极情绪有利于身心健康。积极情绪促进心理健康的具体表现:积极情绪能够提高幸福感,有利于个体积极地面对创伤和压力。积极情绪促进身体健康的具体表现:积极情绪对于疾病的预防和治愈起着重大的作用,乐观和希望对于健康非常重要。研究发现,外科手术和其他疾病之后,乐观者比悲观者恢复得更快;在对失去配偶的人的研究中发现,能发现生活意义、有积极情绪的人更能战胜以后的困难,生存的时间更长;积极情绪对于心血管疾病的预防具有重要作用,乐观的、焦虑少的人比悲观的、焦虑多的人血压状况更稳定,更不容易患心血管疾病;积极情绪可以增强人的免疫系统功能,主观幸福感越高,爱笑和幽默的人的免疫系统功能越好,身体越健康。

消极情绪是指在某种具体行为中,由外因或内因影响而产生的不利于继续完成工作或者进行正常思考的情感,与积极情绪相对。消极情绪包括忧愁、悲伤、愤怒、紧张、焦虑、痛苦、恐惧、憎恨等。

消极情绪会影响身心健康。我国自古就有怒伤肝、喜伤心、思伤脾、忧伤肺、恐伤肾之说。当人的情绪变化时，往往伴随着生理变化。例如，人在恐怖时，会出现瞳孔变大、口渴、出汗、脸色发白等一系列变化。过度的消极情绪，如长期不愉快、恐惧、失望，会抑制肠胃运动，从而影响消化机能。情绪消极、低落或过于紧张的人，往往容易患各种疾病。

每个人的情绪，都是会有波动的，应该主动摆脱消极情绪。当有什么事使你烦恼的时候，应当畅所欲言，不要闷在心里。当事情不顺利时，不妨避开一下，改变一下生活环境，可能会使精神得到松弛。如果要办的事情较多，应先做最迫切的事，把全部精力投入其中，一次只做一件，把其余的事暂时搁在一边。如果你感到自我烦恼，试着帮助他人做些事情。

二、心身疾病的成因及预防

心身疾病也被称作"心理生理疾病"，是一类由心理社会因素在疾病的发生和发展中起主导作用的躯体疾病。简单地说，我们的社会环境、日常生活琐事和各种突发事件都会给我们的内心造成压力和冲突，而当这些压力得不到缓解的时候，我们的身体就会以生病的方式表示抗议。国内研究资料显示，在综合性医院的初诊病人中，有近1/3的患者所患的是与心理因素密切相关的躯体疾病。非精神科医生很少关注这些患者的心理因素，也很少把这些他们认为是内科的疾病与精神科联系起来。因此患者往往接受的是躯体治疗，心理社会因素方面很少得到关注。

1. 心身疾病的成因

据调查，有36%—60%的人曾经受到过心身疾病的困扰。那么到底是什么原因导致了心身疾病？我们又怎样知道自己会不会患上某种心身疾病呢？首先，我们来了解一下心身疾病的致病因素。

这是一个十分复杂的问题，患什么样的心身疾病、为什么会得某种特定的疾病，往往是多种因素交织在一起共同作用的结果，包括生物遗传因素、心理因素和生活应激事件。

生物遗传因素是心身疾病的致病原因之一，特定的身体素质和躯体状况都会成为心身疾病滋生的土壤。比如有些人天生对压力的察觉很敏锐，容易焦虑，属于抑郁易感人群，较之其他人群更容易出现心身疾病。

心理因素是导致心身疾病的内因，主要包括情绪因素和个性特征。长期而严重的负性情绪，如焦虑、愤怒、抑郁、恐慌等，会导致心身疾病的发生。如在针对胃造瘘且伴有胃疝的病人的观察中，研究者发现：当病人情绪愉快时，黏液分泌及胃部血管充盈增加，胃壁运动会随之增强，患者的不适感会随之降低；而当病人处于悲伤、自责等负性情绪时，胃黏膜苍白、分泌减少，长期如此病情将会加重。

每个人的人生中都可能发生重要的应激事件。应激事件就是指那些可以造成个人生活风格和行为改变，并要求个体去适应和应对的特殊事件。这些事件包括离婚、丧失亲人、工作变动、突发灾难等，它们会对我们的心理造成不同程度的影响或创伤，并导致躯体不适。

2. 心身疾病的分类

心身疾病的一种分类如下：

（1）皮肤系统的心身疾病有神经性皮炎、瘙痒症、斑秃、牛皮癣、慢性荨麻症、慢性湿疹等。

（2）骨骼肌肉系统的心身疾病有类风湿性关节炎、腰背疼痛、肌肉疼痛、痉挛性斜颈、书写痉挛等。

（3）呼吸系统的心身疾病有支气管哮喘、过度换气综合征、神经性咳嗽等。

（4）心血管系统的心身疾病有冠状动脉硬化性心脏病、阵发性心动过速、心律不齐、原发性高血压或低血压、偏头痛、雷诺病等。

（5）消化系统的心身疾病有胃溃疡、十二指肠溃疡、神经性呕吐、神经性厌食、溃疡性结肠炎、幽门痉挛、过敏性结肠炎等。

（6）泌尿生殖系统的心身疾病有月经紊乱、经前期紧张综合征、功能性子宫出血、性功能障碍、原发性痛经、功能性不孕症等。

（7）内分泌系统的心身疾病有甲状腺功能亢进症、糖尿病、低血糖、阿狄森氏病等。

（8）神经系统的心身疾病有痉挛性疾病、紧张性头痛、睡眠障碍、自主神经功能失调症等。

（9）耳鼻喉科的心身疾病有梅尼埃综合征、咽喉异物感等。

（10）眼科的心身疾病有原发性青光眼、眼睑痉挛、弱视等。

（11）口腔科的心身疾病有特发性舌痛症、口腔溃疡、咀嚼肌痉挛等。

（12）其他与心理因素有关的疾病有癌症、肥胖症等。

3. 心身疾病的预防

心身疾病与心理社会因素息息相关，了解自身的心理状态，学习情绪调节和管理，保持良好的心理健康对于预防心身疾病十分重要。在日常生活中，我们要对自己的情绪和身体反应保持敏感性。如果察觉到自己长期处于负性情绪的困扰中，并已经影响日常生活和工作时，就应该主动地进行情绪调节。可以借助运动、娱乐、与家人朋友沟通或心理咨询等方式疏导不良情绪，调整心身平衡，从而防病于未然。

如果发现自己可能患上了心身疾病，一定要到精神专科医院或者综合医院的心理科及时就医。医生一般会采取心理治疗和躯体治疗结合的措施，通过药物治疗合并支持性心理治疗等综合手段来介入。药物治疗可以帮助患者快速有效地缓解各类情绪问题和躯体不适，而心理治疗则可以让患者与医生或治疗师一起探讨触发躯体疾病的内在心理原因，改变负性认知观念和消极行为，从而更好地治疗心身疾病。

但是，由于我国大众对心身疾病的认识较少和长期形成的就医习惯，90%的心身疾病患者会选择去各科就诊而很少去心理科。患者们往往只对医生描述自己身体上的症状，而不愿主动诉说情绪问题和心理压力，这就使得很多心身疾病很难被发现和正确诊断。就算医生建议转诊心理科或精神专科医院，很多人因为不能理解或拒绝转诊，导致延误了治疗。因此，了解心身疾病知识，增加防病意识对于疾病的预防、发现和治疗非常重要。

保健指南

生病后，我应该如何调节我的情绪状态？

生病是预期之外的事情,并且导致行动不便,甚至不能自理。自己不能掌控自己的行为是情绪低落的一个重要根源。首先,要接纳自己生病的现实,接纳行动不便的现状;其次,体会自己生病的感受,将内心关注转移到身体感受上来;最后,细细体会疾病带来的身体感受和心理感受。如果有可能,可以将这样的感受传达给医生和家人。当内心接纳了,并且将关注点转向自身,情绪自然会好了。

生病后,我一直在家休息很无聊怎么办?

除了接纳自己生病的现实、体会自己的感受外,更重要的是要发展适合自己现状的兴趣,重新规划自己的生活。比如借用互联网,将兴趣爱好转移到网络上来,让自己足不出户,一样充实自己的内心。

生病后,我的心态不好,动不动就发火怎么办?

生病打乱了自己的生活规律,情绪脆弱,

很容易被外在事件"点燃",这是大多数病人常见的状态。动不动就发火是对自己需求和感受不能自然表达的一种愤怒宣泄。在自己发火的时候,先用心想一下自己的内心需求是什么,然后直接表达出自己的需求,这样效果会好很多。当然表达需求的时候,不要告诉别人不要做什么,要告诉别人需要做什么;还有表达需求最好具体一点,越具体越好。

生病后,我的生活作息规律被打乱了怎么办?

生病后,生活作息规律很容易被打乱。根本上讲,打乱的不是规律,而是自己的心理。心理乱了,情绪就会焦躁。保持良好的情绪状态,是病人需要做的最关键的事。

生病后,我对任何事情都不感兴趣了怎么办?

生病很容易让患者产生无力感,连自己都掌控不了的时候就很难对别的事物产生兴趣。这个时候,病人要锻炼的是自己的掌控感,比

如体会一下自己身体的变化，感受到变化，然后慢慢将这种变化记录或表达出来。先从掌控自己开始，然后慢慢增强自己的掌控感，兴趣感就会慢慢产生。

相关链接

假如被迫顶着压力发言，身体的过敏症状会在接下来的两天中加重一倍；而这时如果能大哭一场，压力造成的荷尔蒙则会随着眼泪立刻被排出体外。那么，人的喜怒哀乐究竟是如何影响身体健康的呢？一起看看下面的几种情况吧！

1. 假如你对着另一半直抒爱意

告诉爱人你有多爱他，这能够有效降低你的胆固醇指数。有报告指出，如果每周花 20 分钟写一些跟自己的爱人有关的东西，你的胆固醇指数便会在 5 周内有所下降。

2. 假如你与人发生激烈的争执

如果你的身体已有所不适，但还和爱人吵了 30 分钟，那么身体要比原来再多花上一天才能完全恢复。而如果你的脾气历来火爆，一直很容易和人起争执，你的自我修复能力很可能要比其他人慢上整整一倍。

3. 假如你把事情闷在心里

如果女性在和丈夫发生冲突后忍气吞声，那么她们死于心脏病、中风和癌症的概率要高出其他人一倍。可如果一生气就放任自己大喊大叫，这同样会造成很多问题，哪怕只是几分钟的爆发也会让血压和心跳急速上升，使得心脏病发作的可能性提高19%。但即使你找到一种稍微温和的方式表达你的愤怒，比如不耐烦或者发牢骚，与愤怒相伴的压力和低落同样于健康无益，免疫系统在遭到损害后也就更容易患上传染病。

4. 假如你情绪低落

抑郁、悲观和消极会对身体产生多种伤害。血清素和多巴胺是大脑里两种跟快乐有关的神经递质。心情好时，它们的含量就会高一些。除此之外，血清素的另一个重要功能就是帮助降低疼痛感，这应该能够解释为什么有45%的抑郁症患者同时会伴有各种生理上的疼痛。

5. 假如你忍不住笑出声来

每当人体多分泌27%的能够令人心情振奋的β-内啡肽时，帮助睡眠和细胞修复的人体生长激素含量会随之提高87%。而这一切，只要看一部搞笑电影就能做到。

哪怕只是想笑而没笑出声来，也能够抑制与情绪低落相关的皮质醇和肾上腺素的分泌。人在大笑的同时会压抑住许多不必要的压力，心脏病发病率也因此降低。

6. 假如你失声痛哭

真心流下的眼泪中含有大量与压力有关的激素和神经递质。由此可以认为，眼泪是身体在压力下清除有害化学物质的途径。忍住不哭也就让身体无法自然排毒，最终会导致免疫力、记忆力和消化能力受到影响。

7. 假如你感到嫉妒

嫉妒是人类情绪中最激烈、最痛苦的一种，偏偏也是最难控制的。嫉妒混合了恐惧、压力和愤怒，它会激发人体的"紧急应急机制"，一般程度相当剧烈。所以，当一个人嫉妒攻心的时候，血压、脉搏、肾上腺素和免疫系统都会受到威胁，同时感到非常焦虑。

8. 假如争吵过后你久久不能释怀

除了发怒的当下会导致血压升高外,在怒火攻心之后的一整个星期里,只要争吵的情景回到脑海中,人体压力指数就会再次回升。也就是说,假如你最近刚跟人起过争执,最好尽量分散自己的注意力,不要再纠结其中。

9. 假如你在和别人拥抱

催产素是人与人之间亲密关系的起源。恋人们之所以会渴望拥抱亲吻,正是由于催产素在起作用。而当人体内催产素含量上升时,会随之释放出大量DHEA激素。DHEA激素不仅能够延缓衰老、缓解压力,更能够促进细胞重生。

10. 假如你细数生活中的幸福点滴

爱、感恩、满足感都会刺激催产素的生成。当心情开朗或有强烈归属感时,心脏会分泌催产素。在它的作用下,神经系统渐渐放松,压力也得到舒缓。

第三节 老年情绪的调适方法

案例故事

　　钱阿姨有三个子女，目前两个子女在国外工作生活，一个儿子在北京工作生活，钱阿姨和老伴两个人在上海生活。因为子女工作繁忙，平均一年都见不到一次，电话和视频联系也不多。钱阿姨经常觉得寂寞和失落，三个子女都有了出息，可是每个人都不在身边，自己年纪大了却没有体会到天伦之乐。同时，钱阿姨也非常焦虑，现在自己和老伴身体还好，互相有个照应，如果自己或者老伴生病了，谁来护理呢？

　　良好的情绪能够促进人的身心健康，而不良情绪则会危害人的身心健康。幸福健康的老年人，应该具有稳定的情绪，并能根据自己的情绪类型和个性特征采用适宜的方法，积极调适情绪，做自己情绪的主人，保持积极健康的心理。

知识导航

情绪是主观体验，与客观事件没有关系，关键看自己对事件的解释。钱阿姨因为子女不在身边，感受到了孤寂，对未来如何养老有很多的担心，所以钱阿姨的关键问题是怎样让自己感觉充实，让自己老有所养。这些问题解决了，她的心情应该会轻松很多。有哪些好方法可以让老年人快乐起来呢？

一、改变认知模式

认知模式是我们日常生活中常用的思考问题的方法和习惯，其实就像平时说的世界观和价值观。每个人认知模式的形成会受到每个个体所生活的环境、接受的教育、智商、情商等的影响，这是一个漫长的过程。一个人的认知模式形成以后，就会影响他对世界的一些看法，包括对生活和学习的态度。

每个人的认知结构，都有他的局限性，没有人能穷尽天下的真理。每个人对于知识、信息的把握，都带有主观的经验。当有长期的消极情绪发生时，可以反思一下自己的认知模式。如果意识到有问题，可以调整自己的认知模式，让自己与环境更为和谐，更好地适应变化的世界。

二、改善人际关系

老年人的健康很大程度上取决于人际关系是否良好。那么在人际关系的适应中，需要注意的是人在不同的场合应该有不同的表现，说话的时候把握不同的分寸感，留有不同的余地。在交流的时候，应该给别人留有余地。这个方法有利于改善人际关系。

三、善于转移注意力

每个人都有苦闷的时候，每个人都有不愉快的时候，这个时候，不要一个人在屋子里面冥思苦想，一定要转移一下注意力。人是环境的产物，要学会改变环境，比如出去散步，听一场音乐会，找个朋友聊聊天，看场电影，都能排解人的消极情绪。

四、正念调节法

正念这个概念最初源于佛教禅修，是从坐禅、冥想、参悟等发展而来的。有目的、有意识地关注、觉察当下的一切，而对当下的一切又都不作任何判断、分析、反应，只是单纯地觉察它、注意它，就是正念。后来，正念被发展成为一种系统的心理疗法，即正念疗法，就是以"正念"为基础的心理疗法。正念训练使练习者"面对"而不是"逃避"潜在的困难。

参与者被要求培养一种开放的、接受的态度来应对当前出现的想法与情绪。这都是通过打坐、静修或者冥想来完成的，其核心技术是集中注意力、觉察自己的身体与情绪状态、顺其自然、不作评判。这种正念练习促使参与者产生一种"能意识到的"觉醒模式，而不是按照自己习惯的方式行动。

五、家人辅助法

家人作为老年人至关重要的社会支持系统，可以在老年人的情绪调节中发挥巨大作用。老年人因为面临失能和孤独，容易引发焦虑、抑郁、悲伤、恐惧等情绪。家人的陪伴、接纳、安慰、照顾等，有利于帮助老年人重拾自尊和自信，进而有能力进行认知重构、结交朋友、应对各种负性事件和调节消极情绪。

保健指南

子女成家后，家里就只剩下我和老伴了，如何从心理上接受家庭"空巢期"？

老年人要认识到"空巢"是很多家庭发展中必然要经历的一个阶段。家庭都有生命周期，当子女结婚成家时，则意味着一个家庭"空巢期"的到来。这不仅是单独个体要面对的问题，也是所有家庭中的老年人都要面对的。因此，空巢老人自我心理疏导的前提是坦然接受子女"离巢"这个现实。

如何转移情感重点呢？

子女离家，老年夫妻终于又回归二人世界。因此，老年人的"空巢期"可以看作夫妻的第二"蜜月期"。但是很多老年人会忽略这一点，长期以子女为重心的老年夫妻已习惯子女在身边的生活，即使子女成家"离巢"后，还像原来那样依恋于子女。老年人为了使自己和子女都生活得美满，应进行情感重心转移。

情感重心转移是指老年人将情感投入的重心从子女转移到配偶身上。步入老年期后，老伴的照顾就显得很重要。这不仅能弥补子女"离巢"后的生活照料，还能弥补感情的缺失。老年夫妻在单独相处中充分体会不一样的二人生活，在相依相伴中度过充实而幸福的时光。丧失另一半的老年人可以重新寻找个老伴，满足老年的情感需求。情感重心转移可以疏解老年人因对子女过度思念而引起的孤独、寂寞及抑郁等消极情感。

怎样广交朋友、倾诉情感呢？

空巢老人最大的情感依靠除了老伴外,当然是子女。但是由于与子女距离相隔等原因经常是"远水解不了近渴"。因此,空巢老人在小区附近广交朋友,互相帮助,不仅可以解决自己的紧急需求,还多了一份感情的寄托。

老年人与同龄人有众多相似的感受,聚在一起可进行情感的交流和倾诉。一方面,舒缓了自己长久压抑的情感;另一方面,也获得了尊重、信任等情感方面的满足,丰富了自己内心的情感需求。这样,不仅可以减少对子女情感和客观照料方面的过分依赖,还可以舒缓老年人的焦虑感、自卑感、无助感以及因自身为子女添麻烦而感到的内疚感、自责感。

怎样构建良好的家庭情感支持系统?

空巢老人有良好的情感支持可以防止负性情绪的产生,其中家庭情感联结是其他情感所不能替代的。子女给予老年人精神的慰藉,是老年人精神支持的主要来源。但是子女"离巢"后忙于工作,没有时间回家探亲,空巢老人家庭情感急剧空缺。

因此,家庭子女工作再繁忙,也要抽时间常回家看看,尽力多给父母关爱和关怀;子女没有时间回家，也要通过打电话多与父母沟通，让空巢老人从中得到心灵安慰。空巢老人不能只被动等待子女关怀，可以主动与子女沟通或多到子女家去走动，还可以利用节假日让子女在家中聚会，增加交流。总之，空巢老人应增加与子女交流的积极主动性，主动创造机会建构自己良好的家庭情感支持系统。

相关链接

老年期是人生较为紧张的时期，各种身体上的、精神上的、经济的、社会的、家庭的负担一齐压下来，这势必会造成紧张的心理状态。适当的紧张情绪当然不是坏事，但若长期处于紧张状态中，则是有害的。

首先会危及身体健康，如高血压、动脉硬化、恶性肿瘤和呼吸系统疾病便会接踵而来。某项调查表明，在405个癌症患者中，72%的人都有过情感危机和情绪紧张。长期处于紧张状态会导致以下情况。

1. 心脏负担过重

当人处于紧张状态时，在交感神经的作用下，全身各系统也会发生相应的变化，如心跳加快、呼吸急促等。长期处于紧张状态，必会带来各种心血管疾病。

2. 肝功能下降

在紧张状态下，肝中的糖释放到血液中，以提高血糖，满足人脑高度兴奋和肌肉能量的需要。肝脏负担无疑加重，其功能随之受影响而下降。

3. 消化系统溃疡病发生

据说,在第二次世界大战中,由于经常遭到德军的空袭,伦敦市民中患胃溃疡和十二指肠溃疡病者骤增,其原因与整日惴惴不安、长期情绪紧张有直接关系。

4. 机体免疫机能降低

长期处于紧张忙碌状态的人,精神和身体消耗极大,此时各种疾病便会乘虚而入,也会影响精神活动。在紧张状态下,人体活动都受下丘脑部分的控制,而这部分活动过强,大脑皮层的意识活动便相应减弱,如推理、判断等将受到抑制,学习和工作效率自然降低。

其次还会导致反常行为,如通过迁怒以转移调节紧张感或行为带有攻击性。如此,反常行为加剧则可作精神病症的前兆。

总之,长期处于紧张状态不仅会引起心身疾病,还会直接影响人们正常的心理活动和行为方式,对个人和社会都会有害,所以必当忌之。

第四章 老年意志力

　　许多老年人由于体力和精力不足、社会关系、人际关系等问题的困扰，常常缺乏足够的自信心，造成意志消沉和精神空虚。因此，意志力对老年生活至关重要。本章对老年意志力的基本内涵、老年意志力与幸福感的关系、社会支持对老年意志力的影响进行介绍，帮助老年人学会培养并提升自己的意志力，为家庭和社会多作些贡献，同时还能充实自己的生活。

第一节

老年意志力的基本内涵

案例故事

　　王老师爱好音乐，但退休前很忙，没有时间学习。退休后，他制订了每周练琴的计划，和老伴约定一年后可以弹几首好听的歌曲。于是王老师鼓励自己每天坚持认真练习，遇到困难也主动克服。一年后，王老师可以很流畅地弹奏曲子了。年末时，他还参加了社区的新春表演，赢得了喝彩。在这个过程中，王老师感觉自己的意志力品质得到了提升，也收获了喜悦和成功。

　　意志力是目标和行动之间的黏合剂。意志力越强大，目标就越可能实现，内心也会产生强大的力量去克服艰难困苦。管住自己，成为自己的主人，对生活有掌控感，对诱惑保持清醒，始终坚持自律，会让自己的老年生活更充实。

知识导航

意志力是心理学中的一个概念，是指一个人自觉地确定目的，并根据目的来支配、调节自己的行动，克服各种困难，从而实现目的的品质。意志力是人最重要的心理素质，是我们的"精神钙质"。王老师能够根据自己设定的目标，坚持练习，最终达成了目标。这说明王老师具有很强的意志力，意志力也帮助王老师提升了自信心，收获了喜悦和成就感。你想拥有良好的意志力吗？你知道老年意志力的基本内涵是什么吗？

一、老年意志力的基本内涵

意志力是有目的性的，我们每个人做事都是为了实现一个目标。有了目标，人们就会激发出符合目标的行为，也能主动去防止不符合目标的行为的出现。意志力行动效果的大小，是以人的目的水平的高低和社会价值为转移的。目的越高尚、越远大、越有社会价值，意志力表现水平就越高。

意志力是与克服困难相联系的，克服困难的过程也就是意志力行动的过程。困难有外部困难和内部困难两种。人的意志力坚强与否、坚强程度如何，是以困难的性质和克服困难的难易程度来衡量的。

意志力很重要，是每天我们都会用到的。比如为了完成一个任务，就需要我们调用意志力，花费时间、精力、金钱，还要不断地努力。心理学的研究发现，良好的意志力水平，能让我们的生活有序、可控，杜绝不良的习惯。

意志力是分为正向和负向的。我们身边有一些人，他们很有热情，总能实现自己的目标，并给身边的人带来积极的影响；也有另外一些人，他们做事很偏执，一定要实现某个目标，但可能由于动机或者行为有害，结果是损人害己。正向的意志力是那些目标能给自己和周围的人带来快乐、幸福和激励；实现目标的方法也是适度、保持弹性的；从制定到实现目标的整个过程，是克服困难的过程，也是收获成功、获得自信的过程。

负向的意志力是制定了一个不好的目标，或者在实现目标的过程中不考虑实际情况，很顽固，甚至是不择手段，最终造成很坏的后果。比如为了赢得令人梦寐以求的名誉和奖励时，走捷径或不择手段，在体育竞赛中服用违禁药品；或者老年人为了锻炼身体，不考虑自身的体能情况，强迫自己跑马拉松等，都是负向的意志力。

意志力可以通过训练变得逐渐强大。意志力可以与人的欲望、感受、知识一起发挥作用，但又不等同于它们。老年人可以用良好的意志力安排好自己的生活，也可以听任感觉的支配做事情。按照意志力来生活，会使人对自己的生活状况有掌控感，从而增强自信，获得愉悦的心情。

二、如何提高老年意志力

1. 积极主动

不要把意志力与痛苦联系在一起。当意志力用在积极向上的目标时，将会变成一种巨大的力量。一个经商多年的老人退休后，因为工作关系养成了长期喝酒的习惯，每天吃饭时喝几杯小酒似乎能让紧张的心情得到放松。可喝酒又使得他整天昏昏欲睡，因此常常一喝完酒便呼呼大睡，身体和精神都越来越不好。在家人的劝说下，他决定不再贪杯，而是把更多的时间用于子女身上。刚开始时很不容易，常常想起那香气四溢的酒，但他告诫自己所做的事将有所得而不是有所失。后来他戒酒成功。事实证明，他越是关心家庭和子女，戒酒的动力就越大，效果也越好。

主动的意志力能让你克服惰性，把注意力集中于未来。在遇到阻力时，想象自己在克服它之后的快乐；积极投身于实现自己目标的具体实践中，你就能坚持到底。

2. 下定决心

美国心理学教授詹姆斯·普罗斯把实现某种转变分为四步：抵制——不愿意转变；考虑——权衡转变的得失；行动——培养意志力来实现转变；坚持——用意志力来保持转变。为了下定决心，可以为自己的目标规定期限。老李一直很胖，参加社区老年旅游时常跟不上大家的步子。于是，老李下决心在半年之内减肥20斤，他还制订了严密的计划。最后，老李减肥成功，开心地和老伙伴们一起玩耍。

3. 权衡利弊

普罗斯教授对前往他那里咨询的人劝告说，可以在一张纸上画好4个格子，以便填写短期和长期的损失和收获。假如你打算戒烟，可以在顶上两格填上短期损失"我一开始感到很难过"和短期收获"我可以省下一笔钱"；底下两格填上长期收获"我的身体将变得更健康"和长期损失"我将失去一种排忧解闷的方法"。通过仔细比较，培养戒烟的意志力就更容易了。

4. 积极暗示

在行动中，只有给自己足够的积极暗示，才能克服困难。某著名将领以身先士卒闻名，每次打仗都站在队伍的最前面。

在别人问及此事时,他直言不讳道:"我的行动看上去像一个勇敢的人,然而自始至终却害怕极了。我没有向胆怯屈服,而是对身体说'老伙计,你虽然在颤抖,可得往前走啊',结果毅然地冲锋在前。"大量的事实证明,好像自己有顽强意志力一样地去行动,有助于使自己成为一个具有顽强意志力的人。

5. 行为疗法

某心理学家曾经提出一套锻炼意志力的方法,其中包括从椅子上起身和坐下30次,把一盒火柴全部倒出来,然后一根一根地装回盒子里。他认为,这些行为练习可以增强意志力,以便日后去面对更严重、更困难的挑战。他的具体建议似乎有些过时,但他的思路却给人以启发,例如可以把锻炼意志力的方法分解为具体的、容易操作的行为,从简单到系统,逐渐进步。

保健指南

老年人是否可以调动身边的资源,训练出强大的意志力?

当然可以的。人的种种精神力量似乎是不能截然分开的,意志力训练涉及思维训练、记忆力训练、想象力训练。意志力就是一种自我引导的精神力量,只要你在用心地做什么事,意志力总是在背后发挥着作用。或者可以这么说,老年人认真地生活,认真地做事,就是一种锻炼意志力的方法。

 利用意志力可以帮助解决生活中的问题吗?

 老年人会遇到一些特有的矛盾,也容易受贫困、疾病和孤独等消极因素的影响,心情变得低沉。在这种情况下,意志力可以帮助缓解这种影响。比如可以先想清楚解决问题的办法,再设定一个目标,最后围绕这个目标认真地去解决问题,一般都会收到不错的效果。

 培养良好的意志力是否要先确定目标?

 是的,目标很重要。具有良好意志力的老年人一定是心怀目标的,因为目标是"存放"动力和精力的地方。目标可以从认知、行为上将老年人的注意力尽快引导到最重要的事情上,帮助老年人发现自己的能力和一切有利的资源。

 设定好目标以后还要怎么做呢?

设定目标是第一步,需要保持对生活的热情。要完成目标,就必须有足够的热情,这样才有助于在困难的时候努力寻找解决方案。老年人的生活中,一个很大的心理困扰就是因为长期的疾病、孤独等,丧失了对生活的热情。保持热情可以让老年人更睿智和幸福。但同时老年人也要注意防止强迫性的热情,也就是逼迫自己装出一副很热情的样子,明明是没有兴趣的事情,却要勉强自己努力完成,这样反而会降低自己的活力,适得其反。

追求良好的意志力的最终目标是什么呢?

培养良好的意志力是为了追求幸福。老年人因为身体、精力不如年轻时,或者被病痛缠身,往往会有一些消沉的情绪。老年人的幸福并不来自某一方面取得了多大的成功,而是来自本身的幸福感。因此,无论设立何种目标,都必须明白:首先要鼓舞自己追求最幸福、最出色的自我,才能极大地提高实现目标的概率。

第四章 老年意志力

相关链接

人的意志力总体是不变的，但不同年龄的人，会有一些不同的特点。老年意志力的特点总结如下。

老年人因为有更丰富的人生和情感经历，空闲时间相对较多，所以一旦确认了目标，在意志力特点方面表现为愿意为了达成目标花费更多的时间，投入更多的精力，忍耐力也更好。

老年人要想培养出强大的意志力，需要从多个角度、多个方面来做。就像为了炒出一盘好吃的菜，需要多种调味料配在一起，厨师的经验、火候等都是缺一不可的。

目标感要始终清晰。退休后，老年人的生活通常比较稳定、安静，心态也会平和、从容起来，因此一旦确认了目标，就不容易受外界环境的影响而改变。老年人的忍耐力品质往往比年轻人更坚忍，更愿意按照计划主动调适自己，耐心地做完事情，理性地看待自身或者环境中的不利因素。

目标的实现常常需要行为持续不断地积累。除了极少的情况，达成目标的时间长一些不是关键问题，不断地付出努力才是最重要的。为了锻炼健康的身体，我们经常看到不少年轻人手里拿着健身会所的年卡，但一年也用不了几次。而一些老年人在条件不好的场地坚持多年跳广场舞、练操，老年人欢乐朝气的快乐情绪让过往的行人都忍不住驻足观看。

研究发现，意志力顽强的人与意志力薄弱的人，都会觉得做某件事情的过程不愉快，但区别是意志力顽强的人会为了目标不放弃，成为一个意志力强大的人。

第二节

老年意志力与幸福感的关系

案例故事

夏伯渝,男,出生于1949年,中国登山协会成员,中国第一位尝试攀登珠峰的残疾人。1975年,夏伯渝登珠峰时因帮助队友,导致自己冻伤,双小腿被截肢。尽管如此,他并未放弃自己登顶珠峰的梦想。2018年5月14日,夏伯渝成功地登上了珠峰,成为中国第一个依靠双腿和假肢登上珠峰的人。2018年12月,入选感动中国2018候选人物。2019年1月,当选"2018北京榜样"。2019年2月,荣获2019年劳伦斯世界体育奖年度最佳体育时刻奖。

塑造强大的意志力不是为了实现某个目标,而是为了获取丰满的人生和切实的幸福。一个人不需要有什么超凡的素质,

只要有强大的意志力和每天的坚持，就能够实现自己切实的目标。虽然其间会经受痛苦，但越是能够坚持，幸福感就越强。

 **知识导航**

具有顽强的意志力可以帮助我们实现目标，感受人生价值与幸福。夏伯渝在双腿残疾的不利情况下，依托顽强的意志力，在69岁时，实现了登顶珠峰的人生梦想。他坚忍的意志力对他人具有巨大的感召力，也让自己更加自信和充满力量。你知道意志力和幸福感之间有什么关系吗？

一、意志力水平与幸福感相关度很高

心理学研究发现，拥有积极正向意志力品质的人们，更容易心怀希望，乐观豁达。心理学家研究发现，幸福感由三方面的因素决定。第一，幸福的起点，是由遗传、基因等决定的，起到50%的决定作用。第二，生活处境，包括婚姻状态、收入水平、外貌、抑郁、睡眠质量等，起到10%的决定作用。第三，意志力对幸福感的作用。这是我们能够自发改变幸福感水平的部分，所以剩下的40%的决定作用掌握在我们自己手里。每个人都希望得到幸福，老年人会更敏感于生命的不确定性，从而也更渴望得到持续稳定的幸福。

二、自我激励能提升幸福感

自我激励之所以能够培养出幸福感，在于可以激发获得幸福感的信心与欲望,从而强化动机。美国心理学家詹姆斯的研究表明,一个没有受到激励的人,仅能发挥其能力的20%—30%;而当他受到激励的时候,其能力可以发挥到90%,相当于前者的3—4倍。可见,自我激励不仅对激发幸福感有很大的影响,而且对开发老年人的潜能也有很大的影响。

影响老年人幸福感的因素主要是身体健康状况、精神状态、和子女的关系、收入情况等。当老年人处在多重消极因素中,需要通过自我激励,使自己保持一颗平常心,重新获得心理平衡,使精神振作起来。

保健指南

心理学中是否有帮助老年人获得幸福感的好方法?

提升幸福感的根本是让自己当下比较快乐且所做的事情对未来有意义。有的事情很快乐,如搓麻将、抽烟等,但对未来意义不大,是不能获取太多的幸福的。可以采用幸福日志的方式让自己找到既快乐又有意义的事情,将自己一天的事情列举出来,然后对这些事情的意义和快乐做个评分,写上花费的时间,找出既快乐又有意义的事情。多做这些事,会让自己越来越幸福。除了幸福日志,也有一些小的技巧。(1)关注当下：享受生活瞬间，体验当下的感觉，不要想过去和未来。(2)经常冥想：通过专家引导，进行冥想，每天坚持8分钟，会有不错的效果。(3)优待身边的人：要学会很好地对待亲近的朋友、配偶，能够一下数出5个亲密朋友的人，比不能数出3个以上亲密朋友的人更感幸福。(4)多活动：室外活动是对付压力和焦虑的良药。(5)好好休息：幸福的人精力充沛，但他们仍然需要留出一定的时间睡眠和享受孤独。

是不是目标越大，对锻炼意志力越有帮助，幸福感越高？

20世纪80年代，美国哈佛大学的两位心理学家做了一项关于"幸福"的研究，研究对象都是自称感到幸福的人。他们得到的研究结果是，幸福不是拥有大量的财富，不是得到甜美的爱情，甚至不是拥有健康的体魄。感到幸福的人们只有两点相同：第一，明确知道自己的人生目标；第二，感受到自己正在稳步地向目标前进。有目标和没有目标的生活是不一样的！结论就是有目标的人最幸福。但目标不能过大，不能超过个人的能力，否则就可能会给人造成压力,没办法坚持,增强不幸福的感觉。

老年人制定目标时应该注意什么问题,让目标变得更切实际?

我们可以利用SMART原则帮助老年人评估应该制定什么样的目标。

原则一:明确性(S)。目标要清晰明了。你可以问自己:"我的目标是什么?为什么我要实现它?我要怎样实现它?"

原则二:衡量性(M)。你所有的目标都必须是可衡量的。你必须明确自己实现目标的方式,了解自己将如何跟进整个过程。

原则三:可实现性(A)。不切实际的目标只会使你心灰意冷,丧失动力;但是目标太简单又起不到锻炼和提高的作用。所以你的目标既要具备可实现性,又要不失挑战性。

原则四:相关性(R)。你要保证自己的暂定目标与总体目标的追求是一脉相承的。中短期目标要为长期目标作铺垫。

原则五:时限性(T)。没有一个最后期限的压力,你很难专注于自己的目标。所以要给自己设定一个截止日期,或者是具体的完成时间,在付出努力时朝着这个目标前进。

相关链接

老年人因为身体原因,经常会被要求戒烟、戒酒、戒麻将。从道理上说是应当戒掉的,但十几年甚至几十年养成的习惯,要戒掉谈何容易。很多老人不知道怎样戒除成瘾行为。情感和道理之间不断打架,愁闷不堪。我们从心理学角度给出以下建议。

首先,需要制订一个切实可行的计划。心理学家研究发现,符合实际情况且循序渐进的计划,可以缓解当事人在实施计划过程中的焦虑情绪,让人在过程中不断收获满足感,并保证持续地完成计划。成瘾行为的形成是一个漫长的过程,心理上必然有依赖,到了晚年戒除肯定是一件不容易的事情。

其次,用良好的意志力调整心态,寻找精神寄托。老年人有成瘾行为,通常是希望通过某一特定行为来释放、排解内心的焦虑、不安或者压抑的情绪。老年人真正需要的未必是成瘾行为的对象,所以当身体或者现实情况已经不允许,必须放弃某一行为时,应该有拿得起、放得下的心态,或者寻找其他的替代活动或事情。通过寻找替代物和转移注意力来保持愉快的心情。

最后,养成生活规律,广交新朋友。除了关注成瘾行为本身,老年人还应当注意规律生活,广交朋友,有意识地调动更多资源。老年人生活最大的优势在于自主性强,可以较好地安排每天的日程。生活规律可以让老年人体质更好,精力充沛,专注力品质提高。广交朋友,比如以前的朋友都是喜欢打麻将的,那现在可以找一下喜欢旅游的朋友,这样打麻将成瘾的习惯自然就可以调整好了。

第三节

社会支持对老年意志力的影响

 案例故事

张阿婆是一个热心社区工作的人,退休后她把绝大部分精力都投入照顾小区空巢老人的工作中。她发现部分独居老人身体状况很好,完全可以去参与社区组织的活动,却长期不愿出门,情绪很低落,身体机能退化得非常快。张阿婆很发愁,希望懂得一些心理学的方法,用社区资源帮助这些老年人,鼓励他们逐渐走出去,感受生活的快乐,获得健康和幸福。

社会支持,一般是指来自家庭、亲友和社会其他方面(团体、社区等)对个体的精神上和物质上的慰藉、关怀、尊重和帮

助。对老年人的社会支持主要来自家庭和同伴,晚辈给予长辈更多的照料和关怀,能更好地帮助老年人度过生命晚期的不适,更好地享受老年生活。

知识导航

衰老是人生必经的阶段,如何面对衰老,是人生必做的功课。现代社会不同以往的历史阶段,新型养老、空巢老人等屡见不鲜,怎样老有所养、老有所乐是老年人必须思考的问题,也是需要老年人主动去解决的问题。张阿婆积极投身社区工作是很好的例子。空巢老人不是注定孤独,空巢可以不空心,多参与社会活动,建立自己的社会支持系统,建立自己的生活圈至关重要。社会支持对老年意志力的影响有哪些?

一、社会支持可以感染老年人的情绪

我们的头脑中住着我们亲爱的家人、同事、朋友,甚至住着一些偶然出现在你生活里的人。

中国有句老话叫作"物以类聚,人以群分",当你身边都是热爱生活、充满正能量的朋友时,即使你偶尔情绪低落,也会在他们的感染下重新振作。如果你身边很多朋友都喜欢抱怨、关注负面信息时,这种状态也会传染给你,你会不由自主地让自己觉得压抑,认为生活没有希望。这充分说明情绪像细菌一样,在社群中传播,影响个体的意志力和行为,并且没有人能完全不受影响。所以,社会支持对老年人的影响非常明显。

社会支持是一个人通过社会联系所获得的，能减轻心理负担、缓解紧张状态、提高社会适应能力的支持系统。社会联系是指来自家庭成员、亲友、同事、团体、组织和社区的精神上和物质上的支持和帮助。

二、家庭支持有利于提高老年人的正向意志力

家庭支持系统是家庭成员间相互促进、扶持、帮助或支撑的行为或过程，主要体现在情感支持、行为支持和物质支持。在支持系统中，家庭支持对老年意志力的影响是最大的。在老年人为自己和家庭制定一个目标，并调动意志力去努力实现的过程中，家人的支持非常重要。它能保证老年人有良好的心态、充足的时间、获得良好的建议等。这个良性的过程，会让老年人有更足的信心，从而提高正向意志力的水平。

三、朋辈支持可以影响老年人的情感和行动

老年人一生阅历无数，能在晚年还有交心的朋友，那就是在性格、精神和生活环境等各方面都比较匹配，所以这样的朋友影响力肯定也比较大。朋辈支持对老年意志力的影响主要体现在情感和行动上，也会有个别的物质支持。为了增强体质，老年人制订了体育锻炼的计划，如每天打1个小时太极拳等。如果有朋友愿意一起，有了朋友的陪伴和相互监督鼓励，锻炼身体这件事情就能一直坚持下去。在这个过程中，朋辈支持不仅起到了很好的协调作用，还起到了正向强化的作用。

保健指南

参加社会活动对增强老年意志力有帮助吗?

参加社会活动可以帮助老年人获得更多的社会认同,而正向的社会认同可以有效地帮助老年人获得幸福感。社会认同应该一分为二来看,选取有利于提升自己意志力的社会认同感,不断坚持,一定会有所改变的。

社会认同对老年生活有什么影响?

每个人的日常行为,都会受到社会认同的影响。例如我们通常会选择吃排名第一的网红美食,看奥斯卡奖获奖电影,买排名前三的书籍。出现这种情况的原因,是因为我们在还没有形成自己的观点之前,会无意识地选择信任群体的观点。当身边的伙伴都有一种社会认同,就会增强自己的自控力。

社会活动能增强老年意志力的心理学依据是什么?

人,生来就是要和其他人产生联系的,而我们的大脑已经找到一种方式,确保我们能够产生这样的联系。而专门管这件事的脑细胞叫作"镜像神经元"。这个物质很神奇,它分布在大脑中,可以帮助我们理解其他人所有的经历。我们在理解他人经历的过程中,寻找活动经验,提升并增强自己的意志力。

可以举例说明镜像神经元对老年生活的影响吗?

比如你看到同一小区的老王,近几年加强体育锻炼,身体越来越好,精神矍铄,他不管是时间管理方面,还是自我提升方面,都有了很大的进步,而你的很多时间则浪费在无聊的情绪牵绊上。这时,你就会去反思,为什么他可以成功?你大脑中的镜像神经元就会告诉你,如果你像他一样努力,你也有可能获得同样的成功。

第四章 老年意志力

相关链接

中国有句古话叫"近朱者赤,近墨者黑",孟母为了给孩子一个良好的生活环境,不惜多次搬家,这都向我们展示了环境对人的影响究竟有多么大。社区生活环境对老年意志力的影响主要体现在评价、物质、环境的支持方面。一些原来年轻时就很喜欢参加集体活动的老年人,在退休后将活动重心转移到社区或者小区,对各种活动项目的热情都很高,主要是期许能获得良好的社会评价与支持。如果社区或者环境系统中,能给老年人足够正向的荣誉、一定的责任、奖励等,老年人完成任务目标的动力会非常足,意志力状态也会更好。所以,社区要建立完善的组织结构,发挥老年人的力量,让老年人老有所为,多组织老年人参加各类活动,丰富老年人的生活内容,让老年人在家里宅不住。老年人也要积极主动地融入社区的大环境中,让自己乐在其中,广交朋友,不断提升自己的意志力,丰富生活的内容,提升生活的满意度。

后 记

中国人口老龄化程度日益加剧，根据国家统计局统计数据，2019年我国人口从年龄构成来看，60周岁及以上老年人占总人口的比重为18.1%，其中65岁及以上所占比重为12.6%。上海是我国最早进入老龄化社会的城市，也是我国老龄化程度最高的大型城市。

上海作为改革开放的桥头堡和国内老龄化程度最高的城市，在推动开展老年心理健康与关怀服务以及加强老年认知症有效干预的心理服务体系建设方面，作出了很多有益的探索，并取得了一定的成效。

在编写过程中，编写组成员到北京市、天津市和上海市浦东新区、杨浦区、黄浦区、青浦区等地老龄工作事业发展中心、老年协会、养老机构调研，学习、考察和听取了许多专家、老年工作者的宝贵意见。严正医生为我们提供了许多老年人的心理方面的案例，这对本书的编写工作帮助很大。在此，我们对所有关心、帮助我们的专家、老年工作者深表感谢。

对于上海这座日新月异的城市来说，高速发展的动力需求与日益庞大的老年群体之间似乎是一对不可调和的矛盾。但当我们为了《老年心理保健自助手册》而开展多方调研，在与无数老人面对面真挚交心的过程中，我们深切地感受到老年人基于丰富的人生阅历而沉淀出的人生智慧，是非常珍贵的精神财富，或者说是这个城市需要的坚韧与柔和之美。

这种内心的鞭策促使我们更加努力地想为老年人心理健康做一些工作。《老年心理保健自助手册》从心理保健的常识、认知、情绪、婚恋、人格、意志等八方面进行了全面的介绍。每一节中以案例故事、知识导航、保健指南、相关链接为板块，围绕老年人日常生活中的故事展开心理学方面的解释和说明，介绍相关的保健指导以及与之相关的心理学知识。

在内容和体例上，我们尽量根据老年人的特点进行编排，力求做到兼顾老年人的阅读习惯与教材的准确性；兼顾形式的活泼与内容的科学性；兼顾问题的生活化与心理学的针对性。在知识内容准确的前提下，做到通俗易懂，活泼实用，能够切实帮助老年人解决生活中的困惑，构建出更加完善的心理人格、平和的情绪状态、乐观的人生态度，进而收获丰富而美好的人生。

其中，各章编写工作得到了相关专家的大力支持，在此一并表示感谢，他们分别是宋成锐（"老年心理保健概述"）、张小妍（"老年认知"）、任丽杰（"老年情绪"）、邓丽昕（"老年意志力"）、赵玲（"老年人格"）、梁祎婷（"老年人际关系"）、肖君政（"老年婚恋问题"）、唐筱蓉（"老年心理异常问题"）。

《老年心理保健自助手册》的编写由于时间仓促，希望得到学界专家、老年学友等广大读者的宝贵意见。

编者

2020 年 8 月